ANALYSES COMPARATIVES

DES CENDRES

D'UN GRAND NOMBRE DE VÉGÉTAUX,

SUIVIES

DE L'ANALYSE DE DIFFÉRENTES TERRES VÉGÉTALES,

PAR M. P. BERTHIER.

EXTRAIT DES MÉMOIRES DE LA SOCIÉTÉ IMPÉRIALE ET CENTRALE
D'AGRICULTURE.

PARIS,

IMPRIMERIE ET LIBRAIRIE D'AGRICULTURE ET D'HORTICULTURE
DE Mᵐᵉ Vᵉ BOUCHARD-HUZARD,
RUE DE L'ÉPERON, 5.

1854

ANALYSES COMPARATIVES

DES CENDRES

D'UN GRAND NOMBRE DE VÉGÉTAUX,

SUIVIES

DE L'ANALYSE DE DIFFÉRENTES TERRES VÉGÉTALES,

par M. P. Berthier.

CENDRES.

Premières analyses exactes. — M. Th. de Saussure est le premier savant qui ait fait des analyses exactes de cendres de végétaux, et qui ait montré qu'il y a un certain nombre d'éléments minéraux qui font tout aussi essentiellement parties constituantes des plantes que le carbone, l'hydrogène, l'oxygène et l'azote. Avant lui, on regardait les substances minérales contenues dans les végétaux, et que ceux-ci laissent sous forme de cendres, quand on les brûle, comme purement accidentelles et introduites inévitablement dans leurs tissus par l'eau qu'ils puisent incessamment dans le sol, en vertu de la capillarité, et sans que les forces vitales jouent aucun rôle dans le choix et la distribution de ces substances dans leurs différents organes.

Analyses faites en France et en Allemagne, conséquences qu'on en a tirées. — Depuis M. de Saussure, il a été fait un grand nombre d'analyses de cendres, tant en France qu'en Allemagne, et l'ensemble de ces travaux a permis de poser quelques principes qui paraissent être maintenant solidement établis et généralement adoptés. Voici, quant à moi, de quelle manière j'ai formulé ces principes, comme conclusions des recherches que j'ai publiées sous le titre d'*Analyses des cendres de diverses sortes de bois*. (*Annales des mines*, 2ᵉ série, tome Iᵉʳ, page 241. *Voie sèche*, tome Iᵉʳ, page 259.) « Une première remarque que doit suggérer l'ensemble de ces analyses, c'est qu'aucune ne présente d'alumine, quoique cette terre existe dans tous les sols cultivables, et souvent en proportion très-considérable. Si l'on en trouve quelquefois des traces dans les cendres, il est évident qu'elle provient d'une petite quantité d'argile qui peut rester adhérente aux racines et se mélanger ensuite avec les cendres. L'absence de l'alumine tient probablement à ce que cette terre est insoluble dans l'eau, et à ce qu'elle n'a que des affinités très-faibles qui ne lui permettent pas de se combiner aux acides organiques en présence de bases fortes, telles que les alcalis, la chaux, la magnésie et les protoxydes de fer et de manganèse.

« La silice est rarement en grande quantité dans les cendres de bois ; mais elle se trouve, au contraire, en proportion très-considérable dans les cendres de beaucoup de plantes, et notamment de celles de la famille des graminées. Cette substance peut être introduite dans les végétaux à la faveur de sa solubilité dans l'eau et de la facilité avec laquelle elle se combine aux alcalis.

« Si l'on compare ensemble les cendres de bois d'une même espèce crus dans des terrains qui ne sont pas de même nature, on voit qu'elles peuvent différer assez notablement, ce qui prouve que le sol a de l'influence sur leur composition. Si l'on examine, au contraire, les cendres de végétaux différents crus dans le même terrain, on trouve que, quand les espèces ont de l'analogie, leurs cendres ont beaucoup de rapport entre elles, mais que, quand les végétaux sont de genres très-différents, leurs cendres sont aussi très-différentes ; d'où il faut conclure que les plantes choisissent dans le sol les substances qui leur sont les plus propres, et que celles-ci ne s'y introduisent pas par simple succion capillaire ou par voie mécanique : aussi voit-on des arbres qui croissent dans un sol argileux et pierreux donner des cendres très-chargées de chaux, tandis que la cendre de Froment cultivé dans un sol calcaire n'en contient presque pas.

« Enfin, ce qui achève de prouver que les substances qui sont fournies par le sol ou les engrais aux végétaux sont choisies par ceux-ci, conformément à leur organisation et à leurs besoins, c'est que ces substances sont réparties d'une manière fort inégale dans les différentes parties d'un même végétal. »

J'ajouterai aujourd'hui, à l'appui de ce dernier principe, que les phosphates à bases de potasse, de chaux et de magnésie, et quelquefois aussi à bases de fer et de manganèse, constituent presque à eux seuls la cendre des graines ; et, ce qui est très-digne de remarque, c'est qu'ils s'accumulent aussi dans les tubercules, les oignons et les bulbes, et en général dans toutes les parties des plantes qui sont destinées par la nature à nourrir des germes ou des bourgeons dans les premiers temps de leur croissance. Cette assertion trouvera une surabondance de preuves dans le travail qui va suivre.

Motifs qui m'ont déterminé à multiplier les analyses et à les publier. — Bien que l'état des choses, relativement aux connaissances que nous avons sur la nature des cendres, soit déjà satisfaisant, il m'a toujours paru que, dans l'intérêt de la physiologie et de l'agriculture, il était encore désirable que l'on multipliât les recherches. C'est pourquoi, en ayant eu le loisir dans ces dernières années, j'ai effectué un assez grand nombre d'analyses nouvelles, en choisissant des plantes variées, mais toutes employées par l'homme, soit pour un usage, soit pour un autre. Une circonstance particulière m'a, d'ailleurs, donné toute facilité pour me procurer des matériaux selon qu'il convenait à mes vues, et m'a, par là même, déterminé successivement à donner de l'extension à mon travail ; c'est que je me suis trouvé en position de me livrer à mon goût pour l'agriculture et l'horticulture dans mon pays

même, à Nemours, département de Seine-et-Marne, et que
j'ai saisi cette occasion avec empressement, pour faire quelques essais dans le but de rechercher s'il était possible d'introduire, dans ce pays, quelques cultures avantageuses qui
n'y étaient pas encore pratiquées. J'ai choisi, à cet effet,
un terrain qui, sans être d'une grande fertilité, se prêtait
très-bien à toutes les expériences que je voulais faire, parce
qu'il est meuble, qu'il a du fond et que, étant situé sur le
bord d'une rivière, il est sous l'influence d'une atmosphère
qui est constamment imprégnée d'humidité. Ce terrain a
moins d'un hectare, aussi mes essais n'ont-ils pu être faits
que sur une petite échelle; mais, par là même, j'ai pu les
varier beaucoup et les effectuer avec tout le soin convenable.
J'ai préparé et analysé moi-même la plupart des cendres des
plantes dont j'ai tenté la culture. La comparaison de ces
cendres entre elles offre évidemment un intérêt très-grand
pour la physiologie; mais, en outre, il était désirable de
comparer ces cendres avec celles des mêmes plantes cultivées
dans des terrains différents d'une nature connue. C'est heu-
reusement ce que j'ai pu faire, du moins pour un certain
nombre; j'ai même, de plus, analysé les cendres de plantes
provenant de localités que j'ignorais, ou que je ne connaissais
que vaguement, parce que cela présentait un intérêt spécial.

J'exécutais peu à peu ce travail pour ma propre satisfac-
tion. Mais quelques personnes qui, comme moi, portent un
grand intérêt à l'agriculture, en ayant eu communication,
m'ont pressé de le publier, et je m'y suis décidé sur leurs
instances, dans la pensée que, quoique n'ayant rien de bien
neuf, il pourrait, par son étendue, avoir quelque utilité. C'est
à ce point de vue qu'il pourra être apprécié; ce n'est pas un
travail de science.

J'ai recueilli les plantes que j'ai voulu examiner dans deux
localités principales : 1° dans la vallée du Loing, autour de
la ville de Nemours, et 2° dans la plaine du plateau de Puiseaux, qui s'étend de la vallée du Loing à la vallée de l'Essonne. Le champ dans lequel j'ai fait mes essais de culture,

et dont j'ai parlé plus haut, est situé dans la vallée du Loing, à la porte de la ville, au confluent de la rivière et du canal de Briare, et porte le nom de *Marabout*. Ce champ a été cultivé en pépinière pendant longtemps. La plupart des arbres forestiers y croissent très-rapidement, et les arbres fruitiers, du moins certaines espèces, y réussissent assez bien. Les plantes légumineuses, les tubercules, les Choux et le Seigle, y prospèrent quand les années ne sont pas trop sèches. La terre est couleur café au lait, extrêmement meuble, très-caillouteuse. C'est une grève peu argileuse et singulièrement pauvre en carbonate de chaux : elle ne jouirait probablement d'aucune fertilité, si elle ne trouvait sans cesse de l'eau dans son sous-sol, avantage qu'elle doit à sa situation, étant presque en contact, à moins de 1 mètre de profondeur, avec une couche aquifère, dont elle n'est séparée que par des matières perméables. J'en donnerai une analyse détaillée dans un article particulier qui suivra celui-ci et dans lequel on trouvera aussi l'analyse des principales variétés de terre de la plaine de Puiseaux.

Dessiccation des matières. — Avant de brûler une plante ou une matière végétale quelconque, il est nécessaire de la dessécher à un degré déterminé. Je n'ai pas eu recours aux étuves pour cela; mais, le plus souvent, je me suis contenté de l'action de l'air à la température ambiante, en ayant soin d'étendre la matière sur une large surface dans une chambre un peu grande, de la remuer fréquemment et de ne l'employer que quand elle ne perdait plus rien de son poids. Quelquefois cependant, lorsque j'étais un peu pressé par les circonstances, je l'ai mise à sécher sur un poêle, mais en ayant soin de ne la chauffer jamais qu'à une température de 50 à 60° tout au plus. De cette manière, d'abord je pouvais opérer partout, et ensuite il y aura cet avantage, que tous les agronomes, quelle que soit leur position, pourront facilement obtenir des résultats qui seront comparables avec les miens.

Incinération. — L'incinération est, en général, une opération assez embarrassante, et souvent même elle devient très-longue et très-difficile. Cela arrive lorsque les cendres contiennent une forte proportion de matières alcalines qui les ramollissent et les font fritter, et qui, en empâtant le charbon, le soustraient à l'action de l'air; ou encore, lorsque le charbon est, de sa nature, très-peu combustible. Dans le premier cas, on enlève les matières alcalines par un lavage à l'eau distillée et on brûle de nouveau le résidu; dans le second cas, on porphyrise et on traite même par l'acide muriatique, qui dissout la plus grande partie des matières terreuses, telles que le phosphate de chaux, etc., et on brûle une seconde fois le résidu jusqu'à décoloration complète.

Quand j'ai eu à opérer sur de grands volumes, je commençais la combustion dans de larges *têts* en terre, que je chauffais sur un foyer; puis je l'achevais dans une capsule de platine sous un moufle, en ayant soin, d'ailleurs, de porphyriser de temps à autre et autant de fois que cela était nécessaire.

Corrections faites au poids des cendres brutes. — Le poids des cendres ainsi obtenues ne donne pas la proportion exacte des substances minérales qui entrent comme parties essentielles dans la constitution d'un végétal. D'abord ces cendres sont toujours mélangées d'une certaine quantité de sable et d'argile qui adhèrent à la surface des plantes, quelque soin que l'on ait pris pour les en débarrasser; et d'un autre côté, comme elles contiennent le plus souvent du carbonate de chaux et du carbonate de magnésie, et que ces deux carbonates, surtout le dernier, se trouvent en partie décomposés par l'action de la chaleur qu'ils subissent, il en résulte qu'il manque toujours aux cendres une certaine portion de la quantité de l'acide carbonique qui est nécessaire pour la saturation des deux terres. Quand l'analyse est terminée, il convient donc de retrancher du poids des cendres le poids du sable et de l'argile qu'on y a trouvés, et d'y ajouter, au contraire, le poids de l'acide carbonique que la chaleur de la combustion a fait perdre. On a alors pour chaque végétal le poids des cendres que j'ai appelées *cendres pures*, et alors tous ces poids deviennent immédiatement comparables.

État dans lequel les substances minérales se trouvent dans les végétaux. — On ignore, en général, dans quel état de combinaison les éléments minéraux se trouvent dans les végétaux : ce serait là un important sujet d'étude; mais, dans l'état des choses, cette étude présenterait de grandes difficultés.

Phosphate de chaux et carbonate de magnésie. — Il n'y a pas de carbonates dans les plantes, les bases minérales y sont en combinaisons diverses avec des acides organiques; mais, au contraire, les carbonates abondent dans les cendres, parce qu'ils se produisent par l'effet de la combustion. On y rencontre presque toujours en même temps, mais dans des proportions extrêmement variées, de la chaux, de la magnésie, de l'acide phosphorique et de l'acide carbonique. Quand la chaux domine, j'ai toujours supposé qu'elle absorbait la totalité de l'acide phosphorique, en laissant la magnésie en combinaison avec de l'acide carbonique, parce qu'effectivement c'est dans cet état que l'on obtient ces deux terres dans la plupart des procédés d'analyse.

Soude en très-petites quantités. — On sait que la soude ne se trouve qu'en très-petites quantités dans les plantes qui ne croissent pas à proximité des eaux marines ou des sources salées; je n'en ai fait la recherche que de temps à autre, et lorsque j'y étais déterminé par quelque motif particulier : en général, il n'y en avait que très-peu dans les cendres que j'ai examinées.

Sulfates et sulfures. — Il y a presque toujours des sulfates dans les plantes ; dans les premiers moments de l'incinération, alors que les matières combustibles surabondent, une petite partie de ces sulfates se changent en sulfures, et de là vient l'odeur d'hydrogène sulfuré qui se manifeste quand on traite des cendres par un acide. Je ne me suis pas occupé de cette circonstance, qui n'avait que peu d'intérêt, et je me suis contenté de griller les cendres pendant quelque temps après la disparition des matières charbonneuses, afin de ré-

générer, autant que possible, les sulfates qui d'abord auraient
pu être réduits.

Mode d'expression des résultats. — Les résultats des analyses ont été exprimés de deux manières : premièrement en
parties décimales du poids des cendres, et secondement en
parties décimales du poids des plantes ou des matières végétales sèches. Il m'a paru que, en dispensant de tous calculs,
cette double forme serait utile et présenterait de l'intérêt.

*Classement des substances examinées, d'après leurs usages
et leurs analogies botaniques.* — Pour mettre de l'ordre dans
l'exposé des analyses qui vont suivre, il était nécessaire d'a-
dopter un certain mode de classement. J'ai d'abord eu l'idée
de réunir ensemble les parties similaires des différentes
plantes, telles que bois, feuilles, racines, tubercules, fruits,
grains, etc.; ce qui aurait eu l'avantage de faire voir au
premier coup d'œil la grande analogie que cette similitude
entraînait dans la composition des cendres. Ainsi les cendres de bois sont caractérisées par la présence d'une très-
forte proportion de carbonate de chaux ; les cendres de tiges
des graminées, etc., par la surabondance de la silice ; les
cendres des graines en général, et particulièrement des céréales, par les phosphates, qui souvent les constituent en
totalité. Mais, en y réfléchissant davantage, j'ai été conduit à
prendre pour base un principe tout opposé, et à placer
en regard les différentes parties d'une même plante; ce
qui a pour résultat de mettre en évidence ce grand principe de physiologie, que dans les végétaux chaque organe
s'approprie, selon sa nature, les éléments minéraux qui lui
conviennent, en les choisissant, en proportions très-différentes, parmi ceux que la sève tire du sol. J'ai, d'ailleurs,
partagé en cinq groupes, comme il suit, tous les végétaux
ou les substances végétales dont je me suis occupé, d'après
les usages auxquels on les emploie dans l'économie sociale,
et surtout d'après les analogies botaniques, analogies qui en-
traînent presque toujours, comme je l'ai dit, une grande similitude dans la nature des cendres.

I.

Bois. — Feuilles. — Racines. — Tubercules. — Fruits.

1° Mûrier de Nemours, — bois, — feuilles vertes, — feuilles mortes.

2° Feuilles de Noyer de Nemours (mortes).

3° Feuilles de Marronnier d'Inde de Nemours.

4° Feuilles de Platane de Nemours (mortes).

5° Feuilles de Peuplier suisse de Nemours (mortes).

6° Tabacs-côtes.

7° Cannes à sucre.

8° Topinambours de Nemours, — tubercules, — tiges vieilles, — tiges jeunes.

9° Pommes de terre de Nemours, — tubercules, — fanes.

10° Oignons rouges.

11° Châtaignes, — écorces, — amandes nues.

12° Vignes de Nemours, — tiges, — feuilles (jeunes), — feuilles (vieilles), — feuilles (mortes), — vin, — pepins.

II.

Fourrages.

1° Foin de Nonville, près Nemours.

2° Foin de Nemours.

3° Luzerne d'Orange (Vaucluse), — coupe principale, — regain, — tiges, — parties vertes.

4° Luzerne de Nemours.

5° Vesce de Nemours.

6° *Vicia picta* (Vesce à feuilles pictée) de Paris.

7° *Salicornia herbacea* de Salins (Jura).

8° Garance de Nemours, — herbe, — racines.

9° Roseaux de Nemours.

10° Tiges de Giraumonts de Nemours.

11° Tiges d'Asperges de Nemours (mortes).

12° Canée du marabout de Nemours.

III.

Céréales.

1° Blé-Froment, — grains entiers, — farine de gruau, son brut, — son purifié, — paille, — Froment en herbe.

2° Seigle multicaule ou de la Saint-Jean, — grains, — son brut, — son purifié, — paille.

3° Orge, — grains, — Orge naturelle ou en paille, — farine brute, — Orge perlé, — son purifié.

4° Avoine, — grains, — balles, — son, — gruau ou Avoine perlée.

5° Riz, — grains décortiqués, — grains bruts.

6° Maïs de Nemours, — gros grains, — grains de Maïs à bec, — tiges, — feuilles.

7° Millet à épis de Nemours, — tiges, — grains, — téguments ou écorce.

8° *Moha* ou Millet de Hongrie récolté à Nemours, — tiges, — grains.

IV.

Plantes légumineuses.

1° Haricots blancs de Soissons récoltés à Nemours, — cosses, — graines.

2° Haricots blancs flageolets récoltés à Nemours, — cosses, — graines.

3° Haricots blancs dits *du Pays*, — téguments, — cotylédons nus.

4° Haricots jaunes du Canada récoltés à Nemours, — tiges, — cosses, — graines.

5° Haricots noirs des Algarves ou de Belgique récoltés à Nemours, — cosses, — graines.

6° Haricots rouges de Chartres récoltés à Nemours, — téguments, — cotylédons nus, — eau de digestion.

7° Haricots verts de Paris.

8° Pois verts normands récoltés à Paris.

9° Pois prince Albert récoltés à Nemours, — tiges, — cosses.

10° Pois chiches récoltés à Nemours, — cosses, — graines.

11° Fèves de Windsor récoltées à Nemours, — cosses, — graines.

12° Fèves de marais de Paris, — tégaments, — cotylédons nus.

13° Lentilles de la grande espèce.

V.

Plantes oléagineuses.

1° Pavot gris récolté à Nemours, — tiges, — coques, — graines.

2° Pavot gris de Paris, — graines.

3° Moutarde blanche de Nemours, — graines.

4° Sésame d'Égypte, — graines.

5° Chènevis de Paris, — graines.

6° Tourteaux de Chènevis de Nemours.

7° Lin récolté à Nemours, — tiges, — graines, — tiges rouies.

8° Noix, — coquilles, — amandes, — Échalles.

9° Pin de Bordeaux récolté à Nemours, — bois, — feuilles vertes, — feuilles mortes, — pommes vides, — graines.

I. — Bois. — Feuilles. — Racines. — Tubercules. — Fruits.

1° *Mûrier de Nemours. — Bois. — Feuilles vertes. — Feuilles mortes.*

Branches. — Ce Mûrier était de l'espèce dite *Moretti* ; il n'avait que quelques années, et sa végétation était très-belle.

Le bois examiné consistait en branches de l'année coupées au moment de la taille, au printemps; ces branches, conservées dans une chambre pendant cinq mois, étaient, par conséquent, parfaitement sèches. Elles ont laissé, par combustion, 0,0230 de cendres, composées de :

Sulfate de potasse	0,0078		0,0015
Chlorure de potassium	0,0035	0,1740	0,0008
Carbonates alcalins	0,1027		0,0024
Phosphate de chaux	0,1980		0,0045
Phosphate de magnésie	0,0330		0,0008
Carbonate de chaux	0,4793	0,8260	0,0104
Carbonate de magnésie	0,0661		0,0015
Silice	0,0496		0,0011
	1,0000		0,0230

Feuilles vertes. — Ces feuilles ont été recueillies sur un arbre de l'espèce chinoise dite *Mûrier-Lhou*, au moment où elles venaient d'atteindre leur plus grand développement, vers le commencement de juillet. On les a conservées dans une chambre sèche pendant trois mois. Elles ont alors donné 0,140 de cendres blanches, composées de :

Sulfate de potasse	0,026		0,0040
Chlorure de potassium	0,006	0,103	0,0010
Carbonates alcalins	0,071		0,0090
Phosph. de ch., magn. et fer.	0,090		0,0130
Carbonate de chaux	0,530	0,897	0,0740
Silice	0,277		0,0390
	1,000		0,1400

Feuilles mortes. — Ramassées sur le sol au moment de leur chute et mises à sécher dans une chambre pendant tout l'hiver, elles ont donné ensuite 0,151 de cendres blanches, composées de :

Sulfate de potasse	0,0218		0,00327
Chlorure de potassium	0,0147	0,0659	0,00221
Carbonates alcalins	0,0294		0,00441
Phosphate de chaux	0,1160		0,01740
Phosph. de magnés. ferreux	0,0186		0,00280
Carbonate de chaux	0,5376	0,9341	0,08204
Silice	0,2619		0,03887
	1,0000		0,15100

— 15 —

On a compris dans le carbonate alcalin de ces deux analyses une petite quantité de potasse qui est en combinaison
avec la silice.

La proportion de cendres fournies par ces feuilles est très-
considérable. On voit, d'ailleurs, que, sous le rapport des substances inorganiques, les feuilles mortes ne diffèrent pas
sensiblement des feuilles en plein état de vie.

2° *Feuilles de Noyer mortes de Nemours.*

Quand on a ramassé des feuilles, elles étaient tont à fait
mortes et sèches, et presque toutes avaient perdu leur pédon-
cule principal. Elles ont donné **0,135** de cendres, contenant :

Sulfate de potasse.	0,0207		0,0010
Chlorure de potassium.	0,0074	0,3518	0,0028
Carbonates alcalins.	0,0237		0,0032
Phosphate de chaux.	0,1181		0,0159
Phosphate de fer.	0,0150		0,0020
Carbonate de chaux.	0,7317	0,3482	0,0988
Carbonate de magnésie.	0,0360		0,0049
Silice.	0,0474		0,0064
	1,0000		0,1350

3° *Feuilles mortes de Marronnier d'Inde de Nemours.*

Le Marronnier était de l'espèce à fleurs blanches. Les feuilles
ont été ramassées sur le sol au moment de leur chute, au
commencement de novembre, et brûlées quelques jours
après seulement; elles pouvaient, par conséquent, n'être pas
parfaitement sèches. Elles ont donné **0,070** de cendres, composées de :

Sulfate de potasse.	0,030		0,0021
Chlorure de potassium.	0,030	0,060	0,0021
Sulfate de chaux.	0,040		0,0028
Phosphate de chaux.	0,010		0,0007
Phosphate de magnésie.	0,040		0,0028
Phosphate de fer.	0,065		0,0045
Carbonate de chaux.	0,488		0,0340
Carbonate de magnésie.	0,057		0,0040
Silice.	0,240		0,0170
	1,000		0,0700

Cette cendre a une composition toute particulière ; aussi se propose-t-on de la vérifier et d'analyser, pour comparaison, la cendre de feuilles en pleine végétation.

4° *Feuilles de Platane mortes de Nemours.*

Les Platanes qui ont produit ces feuilles avaient vingt ans et croissaient sur le bord du Loing, dont ils pouvaient pomper l'eau, qui est notablement calcaire. Les feuilles ont été ramassées sur le sol, mais seulement deux mois après leur chute. Elles ont donné 0,066 de cendres, composées de :

Chlorures, sulfates et phosphates alcalins.	0,010	0,0007
Phosphate de chaux..	0,030	0,0021
Phosphate de fer.	0,080	0,0053
Carbonate de chaux..	0,540	0,0356
Carbonate de magnésie. . . .	0,085	0,0055
Silice.	0,255	0,0168
	1,000	0,0660

Indépendamment de sa pauvreté en sels alcalins, cette cendre est caractérisée par la forte proportion de fer qu'elle contient.

5° *Feuilles de Peuplier suisse mortes de Nemours.*

Les Peupliers dont on a examiné les feuilles étaient plantés pêle-mêle avec les Platanes précédents. Ces feuilles ont été recueillies au moment où elles tombaient, à la fin de l'automne, et mises à sécher dans une chambre pendant trois mois. Brûlées alors, elles ont laissé 0,140 de cendres, composées de :

Sulf. de potasse et de chaux.	0,007	0,0015
Phosphate de chaux..	0,050	0,0070
Phosphate de fer.	0,005	0,0007
Carbonate de chaux..	0,848	0,1180
Carbonate de magnésie. . . .	0,020	0,0028
Silice.	0,070	0,0100
	1,000	0,1400

On ne connaît pas de cendres qui soient aussi pauvres en alcali.

6° *Côtes de divers Tabacs.*

M. Hoppingen, lorsqu'il était sous-inspecteur à la manufacture royale de Tabac, m'a remis, pour les soumettre à l'analyse, des cendres qu'il avait préparées lui-même, en brûlant des poids déterminés de côtes de divers tabacs, préalablement desséchées à l'étuve pendant vingt-quatre heures. Il a obtenu les proportions suivantes de cendres pesées chaudes :

Havane.	0,1125
Virginie.	0,1540
Maryland.	0,1670
Alsace.	0,1080
Département du Nord.	0,1867
Département d'Ille-et-Vilaine. . .	0,1921
Département du Lot..	0,2125

Ces cendres sont toutes parfaitement blanches, et on ne trouve dans aucune ni fer ni manganèse.

Elles ont donné les proportions suivantes de matières solubles dans l'eau et de matières insolubles :

	Havane.	Virginie.	Maryland.	Alsace.	Nord.	Ille-et-Vilaine.	Lot.
Matières solubles....	0,382	0,502	0,600	0,313	0,370	0,479	0,265
Matières insolubles. .	0,618	0,498	0,400	0,687	0,630	0,521	0,735
	1,000	1,000	1,000	1,000	1,000	1,000	1,000

La partie alcaline soluble a été dosée après calcination, et en ayant la précaution d'ajouter du carbonate d'ammoniaque à la dissolution, pour saturer l'alcali d'acide carbonique. Je dois faire observer cependant que ces nombres ne doivent pas être considérés comme très-rigoureux, parce que l'on n'a opéré que sur une portion de chaque échantillon de cendres, et que l'on s'est aperçu, mais trop tard, que la matière alcaline ne s'y trouvait pas répartie d'une manière uniforme, par l'effet de l'humidité que les cendres avaient absorbée.

En partant de ces données on trouverait que les côtes sèches pourraient produire les proportions suivantes de sels alcalins :

Havane.	Virginie.	Maryland.	Alsace.	Nord.	Ille-et-Vilaine.	Lot.
0,0427	0,076	0,100	0,034	0,069	0,091	0,050

La nature de ces matières alcalines est très-différente pour les diverses cendres. On y a trouvé :

	Havane.	Virginie.	Maryland.	Alsace.	Nord.	Ille-et-Vilaine.	Lot.
Carb. de potasse....	0,610	0,845	0,860	0,455	0,450	0,237	0,000
Sulfate de potasse....	0,200	0,047	0,044	0,455	0,181	0,180	0,308
Chlorure de potassium.	0,190	0,128	0,096	0,090	0,369	0,583	0,692
	1,000	1,000	1,000	1,000	1,000	1,000	1,000

Ces analyses font voir que les matières alcalines des Tabacs de l'Amérique sont beaucoup plus riches en carbonate que celles qui proviennent des Tabacs de l'Europe. Il est remarquable que le Tabac du Lot n'en contienne pas du tout.

La partie insoluble de ces diverses cendres a été trouvée composée comme il suit :

	Havane.	Virginie.	Maryland.	Alsace.	Nord.	Ille-et-Vilaine.	Lot.
Chaux...............	0,383	0,445	0,418	0,420	0,401	0,399	0,517
Magnésie...........	0,136	0,195	0,085	0,072	0,113	0,106	0,060
Silice...............	0,073	0,040	0,110	0,107	0,113	0,086	0,090
Phosphate de chaux..	0,101	0,079	0,075	0,073	0,117	0,075	0,070
Acide carbonique....	0,296	0,233	0,310	0,329	0,256	0,334	0,263
	0,989	0,992	0,998	1,000	1,000	1,000	1,000

Ces résultats font voir qu'il y a une grande analogie dans la composition de cette partie des cendres, et viennent à l'appui des faits qui montrent que chaque espèce de plante n'absorbe dans des terrains de natures diverses que celles des substances minérales qui conviennent à sa constitution.

7° *Cannes à sucre des Antilles.*

Lorsqu'on évapore le vesou dans des chaudières en cuivre, que l'on chauffe avec le marc des Cannes, il se produit une grande quantité de cendres blanches, légères, que le vent entraîne, et il se forme souvent, dans le foyer, des scories qui sont tout à fait fondues.

Les cendres pulvérulentes entraînées par le vent ont conservé la forme des petits fragments de Cannes dont elles proviennent, et elles sont parfaitement blanches. Elles résistent à l'action de l'acide muriatique bouillant, et la potasse liquide n'en dissout pas la plus petite portion. Un échantillon provenant de la Guadeloupe a donné à l'analyse :

Silice.	0,68
Potasse.	0,22
Chaux.	0,10
	100

Il est évident qu'elles seraient extrèmement propres à la fabrication du verre blanc. Il y aurait de l'intérêt à rechercher quelle est la proportion que le marc de Cannes, brûlé avec soin, pourrait en produire.

Les scories qui se forment dans le foyer sont vitreuses, translucides et d'un gris clair çà et là taché de rouge. Elles ne sont attaquables qu'en partie par l'acide muriatique, et le résidu n'est pas décoloré ; cela prouve qu'elles ne sont pas homogènes. Elles se composent essentiellement de silice, de potasse, de chaux et d'alumine, et elles sont colorées en rouge par du protoxyde de cuivre, qui provient, sans aucun doute, des chaudières, et qui s'y trouve dans la proportion de 0,02 à 0,03. Quant à l'alumine, elle doit être fournie par les briques du foyer, ainsi que par les débris terreux dont le marc de Cannes est souillé.

8° *Topinambours de Nemours.* — *Tiges.* — *Tubercules.*

Tiges (vieilles). — Ces tiges étaient très-élevées, mais n'avaient pas fleuri. Récoltées en novembre, on les a fait sécher spontanément en les plaçant dans une chambre close. Au bout de six mois, ayant été brûlées, elles ont donné 0,07 de cendres blanches, composées de :

Sulfate de potasse.	0,0222		
Chlorure de potassium.. . . .	0,0042	0,0400	0,0028
Carbonates alcalins..	0,0136		
Carbonate de chaux.	0,8430		
Phosphate de chaux..	0,0300		
Phosphate de fer..	0,0100	0,9600	0,0672
Silice.	0,0770		
	1,0000		0,0700

Tubercules. — Arrachés en décembre, ils avaient été conservés dans une chambre fermée jusqu'en mai. Ils étaient alors parfaitement conservés et commençaient à peine à germer et à se faner dans quelques parties. Après les avoir coupés en tranches, on en a mis une certaine quantité dans l'eau, et ils ont absorbé leur propre poids de ce liquide en vingt-quatre heures. Au contraire, ayant été exposés à l'air et au soleil après avoir été découpés, ils ont perdu 0,30 de leur poids en vingt-quatre heures, 0,50 au bout de deux jours, et 0,57 au bout de trois jours; et ils étaient encore un peu flexibles.

Les tubercules bruts chauffés dans un têt ont pu être brûlés assez facilement, quoique la cendre eût une grande propension à s'agglomérer sous forme de scorie. La proportion obtenue a été de 0,0140. Saturés d'eau, ces tubercules n'en donneraient que 0,007, et au contraire complétement desséchés à l'air, comme il a été dit ci-dessus, ils en laisseraient 0,033.

En traitant ces cendres par l'eau bouillante on peut en séparer les matières alcalines à peu près en totalité, et sans que la liqueur renferme de phosphates terreux. Elles ont été trouvées composées de :

Sulfate de potasse.	0,060		0,00084
Chlorure de potassium. . . .	0,075		0,00105
Phosphate de potasse.	0,300	0,750	0,00420
Carbonates alcalins.	0,315		0,00441
Phosphate de chaux..	0,165		0,00231
Phosph. de magnésie ferreux.	0,085	0,250	0,00119
	1,000		0,01400

Ces cendres ont la plus grande analogie avec les cendres de Pommes de terre.

Tiges (jeunes). — On a coupé des tiges de Topinambours près du collet, au mois de juin, au moment où les tubercules commençaient à peine à se former et n'étaient pas encore aussi gros qu'une noisette, et on les a mises à sécher dans une chambre pendant trois mois. Au bout de ce temps, elles avaient perdu les deux tiers de leur poids; mais, quoique bien sèches et cassantes, elles avaient conservé leur couleur verte. Par la combustion, qui a été facile, elles ont laissé **0,0980** de cendres à peu près blanches, dans lesquelles on a trouvé :

Sulfate de potasse.	0,0132		0,00129
Chlorure de potassium.. . .	0,0374	0,2200	0,00365
Carbonates alcalins..	0,1694		0,01656
Phosphate de chaux. . . .	0,1100		0,01079
Carbonate de chaux.	0,4626		0,04577
Carbonate de magnésie.. . .	0,1037	0,7800	0,01017
Silice.	0,1037		0,01017
	1,0000		0,09800

On remarque que les tiges vieilles et les tiges jeunes diffèrent considérablement sous le rapport de la proportion relative des principes minéraux qu'elles renferment. Les tiges jeunes sont beaucoup plus riches en sels alcalins, en phosphates et en magnésie que les premières, et il semble qu'elles soient destinées à prendre ces substances dans le sol et à les emmagasiner pour les transmettre ensuite aux tubercules, dans lesquels la nature des choses veut qu'elles s'accumulent. Quant à la chaux, elle reste presque en totalité dans les tiges vieilles arrivées au terme de leur existence.

9° *Pommes de terre de Nemours, — tubercules, — fanes, — racines.*

Tubercules. — Ces Pommes de terre étaient de l'espèce dite *Châtaigne Sainville*, que l'on sait être d'excellente qualité et très-hâtive. Elles avaient été conservées sur des planches, dans une chambre close, pendant tout l'hiver, et elles étaient toutes parfaitement saines, sans trace de maladie et sans germe.

Elles n'ont laissé, par combustion, que 0, 0080 de cendres de couleur blonde, qui étaient composées de :

Sulfate de potasse.	0,0280		0,00022
Chlorure de potassium.. . .	0,0280	0,8273	0,00022
Phosphate de potasse. . . .	0,3470		0,00275
Carbonates alcalins.	0,4243		0,00336
Phosp. de chaux manganésé.	0,0087		0,00055
Phosphate de magnésie.. . .	0,0250		0,00020
Phosphate de fer..	0,0170	0,1727	0,00015
Carbonate de chaux.	0,0280		0,00025
Silice.	0,0250		0,00020
	1,0000		0,00800

Quand on traite ces cendres directement par l'eau, tous les sels alcalins se dissolvent ; la liqueur passe claire à travers le filtre et n'entraîne pas de phosphates terreux.

Comme les Pommes de terre contiennent, en général, les quatre cinquièmes de leur poids d'eau, les *Châtaignes Sainville* donneraient, après dessiccation, 0,040 de cendres.

Fanes. — Les fanes, lorsqu'on les a recueillies, étaient déjà flétries et salies par du sable. On les a rapidement plongées dans l'eau et secouées, et après cela on les a mises à sécher pendant quatre mois dans une chambre aérée. On pouvait alors les casser aisément et les réduire en petits morceaux. Les tiges, brûlées, ont laissé 0,13 de cendres, composées de :

Sulfate de potasse.	0,0265		0,00340
Chlorure de potassium.. . .	0,0159	0,0530	0,00207
Carbonates alcalins.	0,0106		0,00138
Phosphate de chaux ferreux.	0,1370		0,01781
Carbonate de chaux.	0,6470	0,9470	0,08285
Silice.	0,1730		0,02249
	1,0000		0,13000

Racines. — Les poids des fanes et des racines sèches sont entre eux à peu près :: 7 : 1. Les *racines* ne laissent, en brûlant, que 0,08 de cendres ; mais ces cendres renferment 0,09 à 0,10 de sels alcalins.

Quoi qu'il en soit, on voit que l'idée qu'avaient eue quelques personnes, de récolter les fanes pour en extraire de la potasse, était tout à fait contraire à la nature des choses.

10° *Oignons rouges.*

Ces Oignons ont été pris sur le marché de Paris, au mois de mai. Ils étaient parfaitement sains et ils ne montraient aucun germe. Ils avaient la grosseur d'une Pomme d'api : le litre, enfaité, en contenait 20 et pesait 500 grammes. Placés sur le feu dans un têt à rôtir en terre, ils se sont desséchés peu à peu en se flétrissant, mais sans changer de volume et en n'exhalant qu'une faible odeur ; puis ils se sont charbonnés et ont brûlé peu à peu avec flamme et sans difficulté. Ils ont laissé 0,050 de cendres, composées de :

Sulfate de potasse..	0,144		0,0072
Chlorure de potassium. . . .	0,040	0,400	0,0020
Carbonates alcalins.	0,216		0,0108
Phosphate de chaux..	0,380		0,0190
Carbonate de chaux..	0,120	0,600	0,0060
Carbonate de magnésie. . .	0,100		0,0050
	1,000		0,0500

11° *Châtaignes. — Écorces. — Amandes nues.*

Ces Châtaignes avaient été achetées sur le marché de Paris, et elles étaient de grosseur moyenne ; il y en avait 81 dans un litre enfaité, qui pesait 680 grammes.

Chauffées sur un poêle pendant trois jours à environ 60 degrés, elles ont perdu 0,60 de leur poids. Mises, après cela, dans l'eau, elles se sont gonflées, et le liquide s'est coloré en jaune brun.

On peut en séparer l'écorce brune de deux manières : 1° en les laissant dans de l'eau froide pendant vingt-quatre heures, 2° en les mettant sécher à l'air pendant quelque temps ; mais les téguments minces y restent toujours attachés pour la plus grande partie, et on ne peut enlever ceux-ci qu'en grattant minutieusement les amandes avec la pointe d'un couteau. En procédant par l'un ou l'autre de ces moyens, on en a obtenu 0,10 à 0,12. On les a examinées séparément des amandes.

Écorces. — Les écorces se sont brûlées très-facilement et ont laissé 0,013 de cendres, composées de :

Carbonates alcalins avec trace de sulfate, chlorure et phosphate., ...	0,400	0,400	0,0053
Phosphate de chaux ferreux.	0,250		0,0032
Carbon. de chaux manganésé.	0,250	0,600	0,0032
Carbon. de magnésie ferreux.	0,100		0,0013
	1,000		0,0130

Amandes nues. — Les amandes brûlées directement ont donné 0,009 de cendres, composées de :

Sulfate et chlorures alcalins. .	Trace.		Trace.
Phosphate de potasse.	0,320		0,00288
Carbonates alcalins.	0,476	0,796	0,00428
Phosph. de chaux manganésé.	0,090		0,00081
Phosp. de magnés. ferreux. .	0,114	0,204	0,00103
	1,000		0,00900

On voit que la nature de ces cendres est toute différente de celle des cendres des écorces.

Les Châtaignes entières , calcinées au creuset couvert, diminuent beaucoup de volume et laissent 0,09 de charbon mat très-combustible.

12ª *Vignes de Nemours. — Tiges. — Feuilles jeunes. — Feuilles vieilles.— Feuilles mortes.— Vin.—Pépins.*

Pour faire ces analyses, on a opéré sur une souche de l'espèce dite *gamay*, âgée de six à sept ans, et cultivée dans une grève située au Marabout, au confluent du canal et de la rivière de Loing. Cette grève est extrêmement caillouteuse et sablonneuse ; mais elle ne manque pas de fertilité, parce que son sous-sol est rempli de sources notablement calcaires.

La souche a été choisie dans une Vigne qui est en très-bon état de prospérité , et à laquelle on donne pour engrais principalement tout ce qui provient de la Vigne elle-même (bois, feuilles, etc.), et les menus brins de bois et d'herbages que fournit la tonte d'une haie et des bordures d'un jardin.

La souche était d'une belle venue, et bien chargée de Raisin parfaitement mûr. On l'a coupée tout entière , à l'époque de la vendange, au mois d'octobre **1850**, et l'on a mis, d'une part, toutes les grappes, et, d'une autre part, tous les sarments garnis de leurs feuilles, qui étaient encore vertes, et l'on y a ajouté tout le bois que l'on avait recueilli dans la taille d'été, et aussi garni de ses feuilles. Le tout a été mis à sécher pendant cinq mois dans une chambre fermée.

Bois et feuilles. — Au mois de mars, tout le sarment et ses feuilles pesaient ensemble 450 grammes. On les a brûlés, ce qui a pu se faire très-facilement, et l'on a recueilli exactement les cendres, qui étaient blanches, et dont le poids a été trouvé de 29^{gr},50. Mais, comme elles étaient mélangées d'une quantité assez grande de sable quartzeux, qui adhérait probablement aux feuilles, et qu'il y manquait, au contraire, une certaine quantité d'acide carbonique pour saturer la chaux, on trouve, en ayant égard à ces circonstances, que le poids de la cendre supposée pure ne serait que de 26^{gr},50, ce qui équivaut à **0,059**.

Cette cendre, traitée par l'eau chaude et lavée, a fourni :

	gr.	
Partie soluble (sels alcalins fondus). . . .	6,20	0,234
Partie insoluble (sels terreux).	20,30	0,766
	26,50	1,000

par conséquent, **1,0000** de sarment fournissent :

Sels alcalins.	0,0138	0,0590
Sels terreux.	0,0452	

La partie soluble des cendres a été trouvée composée de :

	gr.	
Sulfate de potasse.	1,170	0,188
Chlorure de potassium..	0,600	0,096
Carbonates alcalins.	4,280	0,692
Silice gélatineuse.	0,150	0,024
	6,200	1,000

La partie insoluble a donné à l'analyse :

	gr.	
Carbonate de chaux.	13,170	0,649
Carbonate de magnésie, ...	1,020	0,050
Phosphate de chaux.	4,180	0,206
Phosphate de fer..	0,510	0,025
Silice gélatineuse.	1,420	0,070
	20,300	1,000

Ainsi la cendre entière renfermait :

Sulfate de potasse.	0,0440		0,0025
Chlorure de potassium.	0,0220	0,2300	0,0013
Carbonates alcalins.	0,1640		0,0097
Carbonate de chaux.	0,4982		0,0297
Carbonate de magnésie.	0,0385		0,0023
Phosphate de chaux.	0,1570	0,7700	0,0092
Phosphate de fer.	0,0183		0,0010
Silice.	0,0580		0,0033
	1,0000		0,0590

Raisin. — Les grappes de raisin récoltées sur la souche remplissaient une grande assiette. On les a laissées pourrir et se dessécher complétement sur cette assiette ; alors elles ont pesé 70 grammes. Dans cet état, ayant été calcinées dans un creuset couvert, elles ont laissé 15 grammes de charbon, ($= 0,21$), et celui-ci ayant été brûlé, après avoir été porphyrisé, a donné 2^g,96 de cendres d'un gris blanc ($= 0,042$). Ces cendres ont été trouvées composées de :

Sulfate de potasse.	0,150		0,050	
Chlorure de potassium.	0,080	1,560	0,027	0,521
Carbonates alcalins.	1,330		0,444	
Carbonate de chaux.	0,300		0,105	
Carbonate de magnésie.	0,360	1,400	0,125	0,479
Phosphate de chaux.	0,700		0,235	
Silice.	0,040		0,014	
	2,960		1,000	

En rapprochant ces différents résultats, on voit :

1° Que la souche sèche pesait 450 grammes ;

Et le Raisin. . . . . . . 70 —

2° Que la souche a produit :

Cendres. . . . . 26^g,50 $= 0,0590$

contenant :

Sels alcalins. . . . . 6^g,20 $= 0,0138$

Sels terreux. . . . . 20^g,30 $= 0,0452$

3° Tandis que le Raisin a produit :

Cendres. . . . . 2^g,96 $= 0,0420$

contenant :

    Sels alcalins. . . . .   1,,50 = 0,0225
    Sels terreux. . . . .   1,,40 = 0,0195

4° Et qu'ainsi la souche renfermait :

  9 fois autant de matières inorganiques que le Raisin ;
  4 fois autant de sels alcalins ;
  14 fois autant de sels terreux, et, entre autres,
  6 à 7 fois autant de phosphates.

Il est évident, d'après cela, que les substances alcalines sont plus nécessaires encore pour la croissance du bois et des feuilles que pour la production du Raisin, et que celui-ci a besoin de phosphate de chaux, tout comme le bois. Le conseil que l'on a donné de fournir principalement des amendements phosphatés aux jeunes Vignes qui ne sont pas encore en rapport, et de réserver les amendements alcalins pour les Vignes qui sont assez âgées pour produire du fruit, ne s'accorde donc pas avec les faits observés.

Si l'on en juge d'après les analyses qui ont été faites de différents vins, le jus de Raisin clarifié ne doit contenir qu'une faible proportion de matières inorganiques (potasse et chaux à l'état de tartrates), et les cendres que donne le Raisin doivent provenir en grande partie de la rafle, de la peau, de la substance vasculaire et cellulaire et des pepins, toutes matières qui constituent le marc dans l'acte de la vinification. La quantité de substances alcalines que renferme le vin n'est donc qu'une portion minime de la quantité totale que la culture enlève au sol, et ne peut, par conséquent, pas lui servir de mesure. Les Vignes les plus épuisantes, sous ce rapport, ne doivent pas être celles qui sont les plus productives, mais celles qui végètent avec énergie, et qui donnent naissance à un grand volume de bois et à de larges feuilles, d'autant plus qu'il est à remarquer que le marc du vin retourne presque toujours dans le sol avec les fumiers.

Une Vigne de l'étendue d'un hectare, qui contiendrait 10,000 souches semblables à celle qui a été analysée, enlèverait annuellement au sol environ 75 kilogrammes de sels alcalins; savoir, 60 kilogrammes pour les sarments et les feuilles, et 15 kilogrammes pour le fruit.

Pepins de Raisin rouge. — On s'est procuré des pepins bien dégarnis de parenchyme, en prenant du marc de Raisin au sortir du pressoir où l'on venait de le faire passer pour préparer du vin blanc, en délayant ce marc dans une grande quantité d'eau continuellement agitée, et en recueillant tous les pepins qui sont tombés au fond du vase. Puis on a achevé de purifier ceux-ci en les froissant entre les mains dans un courant d'eau, et enfin on les a mis sécher spontanément pendant plusieurs mois dans une chambre fermée. Dans cet état, ils ont donné 0,214 de charbon par calcination en vase clos, et 0,020 de cendres blanches par combustion dans un têt. L'analyse de ces cendres a montré qu'elles étaient composées de :

Sulfate de potasse. . . .	0,0007		0,035	
Chlorure de potassium. .	0,0003	0,0037	0,015	0,185
Carbonates alcalins. . . .	0,0027		0,135	
Phosphate de chaux. . .	0,0100		0,500	
Carbonate de chaux. . .	0,0035	0,0163	0,175	0,815
Carbonate de magnésie..	0,0028		0,140	
	0,0200		1,000	

Comme cette graine est fort petite et fort dure, son enveloppe ligneuse doit avoir un poids relatif considérable ; il en résulte que l'amande doit renfermer une très-grande quantité de phosphate de chaux, car on sait que les cendres du bois sont essentiellement composées de carbonates de chaux et de potasse.

Feuilles. — On sait qu'en général les feuilles sont les parties des végétaux qui produisent le plus de cendres. J'ai constaté de nouveau ce fait sur la Vigne, en analysant tant les feuilles vivantes que les feuilles mortes.

Feuilles vivantes. — Les feuilles vivantes ont été cueillies au moment de leur plus grand développement, au mois de juillet. 2,000 grammes de ces feuilles ayant été placés sur le sol d'une chambre fermée et conservés ainsi pendant six semaines, en les retournant fréquemment, se sont réduits à 500 grammes (= 0,250). Dans cet état, sans être aussi séches que possible, elles se sont brûlées assez facilement, et elles ont laissé 42 grammes de cendres supposées pures, ou 0,021 du poids des feuilles vertes et 0,084 du poids des feuilles sèches. Ces cendres étaient composées de :

Sulfate de potasse.	0,070		0,0060
Chlorure de potassium.	0,008	0,150	0,0007
Carbonates alcalins.	0,072		0,0061
Carbonate de chaux.	0,510		0,0428
Carbonate de magnésie.	0,034		0,0028
Phosphate de chaux.	0,153	0,850	0,0128
Phosphate de fer.	0,051		0,0043
Silice.	0,102		0,0085
	1,000		0,0840

Les feuilles vertes renfermaient donc 0,0031 de sels alcalins, et les feuilles sèches 0,0126 au moins.

Feuilles mortes. — Les feuilles mortes ont été recueillies sur les souches mêmes, au moment où elles étaient près de tomber, sans pourtant avoir encore perdu leur couleur verte. On en a fait sécher 1,500 grammes dans une chambre fermée pendant deux mois, et l'on a trouvé que leur poids s'était alors réduit à 500 grammes (=0,33). Elles avaient encore une teinte verte prononcée, mais elles se brisaient aisément lorsqu'on les froissait entre les mains, et elles se sont brûlées très-rapidement. Elles ont laissé 56^g,70 de cendres ramenées à l'état de pureté par le calcul (0,1134), et celles-ci contenaient :

Sulfate de potasse.	0,0229		0,0026
Chlorure de potassium.	0,0141	0,0882	0,0016
Carbonates alcalins.	0,0512		0,0059
Carbonate de chaux.	0,6262		0,0710
Carbonate de magnésie.	0,0866		0,0098
Phosphates de chaux et de fer.	0,1327	0,9118	0,0150
Silice.	0,0663		0,0075
	1,0000		0,1134

Les feuilles brutes renfermaient donc 0,0033 de sels alcalins, et les feuilles sèches 0,010.

Ainsi les quantités de matières inorganiques contenues

dans le bois feuillu, les feuilles vivantes et les feuilles mortes desséchés à l'air sont entre elles :

: : 0,0059 (bois) : 0,084 (feuilles vivantes) et 0,1134 (f. mortes) ;
les quantités des substances alcalines :

: : 0,0138 (bois) : 0,0126 (feuil. vivantes) et 0,0100 (f. mortes) ;
et les quantités des sels terreux :

: : 0,0452 (bois) : 0,0714 (feuil. vivantes) et 0,1034 (f. mortes).

Le bois nu devait donc avoir à peu près la même teneur alcaline que les feuilles vivantes ; malheureusement on n'en a pas fait la recherche expérimentale.

Il résulte de ces données que les matières inorganiques sont pour la Vigne, comme pour la plupart des végétaux, en beaucoup plus forte proportion dans les feuilles que dans le bois ; mais elles nous apprennent, en outre, que les cendres des feuilles sont beaucoup moins alcalines que les cendres du bois, et que néanmoins les matières alcalines se trouvent distribuées à peu près uniformément dans les diverses parties du végétal.

La séve ascendante monte jusque dans les feuilles, où elle s'infiltre en tous sens, et dans lesquelles elle subit une évaporation considérable ; et l'on peut penser que, par suite de cette évaporation et des modifications chimiques qu'elle éprouve, elle se dépouille de la plus grande partie des substances terreuses qu'elle tenait en dissolution, tandis que la séve descendante ramène dans le corps du végétal les sels qui sont encore solubles, et entre autres une grande portion de sels alcalins.

Raisin frais. — Pour achever d'éclaircir ce sujet par des données positives, j'ai recherché les substances inorganiques dans les différentes parties du Raisin fraîchement récolté, en profitant de l'époque de la vendange. J'ai examiné deux espèces de Raisin : 1° du Chasselas blanc cueilli sur une treille des environs de Paris, et 2° du Raisin noir qui paraissait appartenir à l'espèce *pineau*, et provenant d'une Vigne située aussi dans la banlieue de Paris. On a détaché tous les grains des grappes, et l'on a mis à part les *raffes* dont on a pris le

poids. On a complétement écrasé ces grains en les froissant
entre les mains, puis on les a comprimés, autant qu'il a été
possible dans un linge par torsion, mais, sans les faire passer
sous la presse, en sorte que le marc était encore très-humide;
on l'a pesé dans cet état et l'on a eu le poids du jus par différence. Celui-ci étant un peu trouble, on l'a jeté sur un filtre
et on a pu l'avoir parfaitement clair. Il était limpide, mais
il a promptement pris une légère teinte feuille-morte au contact de l'air. En le faisant évaporer, cette teinte s'est foncée
et elle a passé au brun-noir; puis le sirop a pris la consistance de la mélasse, il s'est boursouflé, et la matière est devenue tellement combustible, qu'elle s'embrasait spontanément au fond de la capsule, alors même qu'elle était encore
molle à la partie supérieure. Le tout a été complétement in-
cinéré dans une capsule de platine, et il en a été de même
séparément des raffes et du marc. Enfin on a fait une analyse sommaire des trois cendres, en s'attachant spécialement
au dosage relatif des sels alcalins et des matières terreuses.
Voici les résultats :

Chasselas blanc. Il a donné :

Raffes.	0,042		0,00060
Marc.	0,220	cendres.	0,00110
Jus filtré.	0,738		0,00194
	1,000		0,00364

Ainsi

1,00000 de raffes produisent : cendres.	0,01431
de marc.	0,05000
de jus.	0,00263

Ces cendres ont été trouvées composées de :

	Raffes.	Marc.	Jus.
Sels alcalins.	0,00020	0,00060	0,00100
Phosphate de chaux.	0,00014	0,00030	0,00047
Carbonate de chaux.	0,00026	0,00012	0,00035
Carbonate de magnésie.	»	0,00008	0,00012
	0,00060	0,00110	0,00194

Le Raisin entier contenait par conséquent :

Sels alcalins.	0,00180		0,00180
Phosphate de chaux.	0,00091	}	
Carbonate de chaux.	0,00073	}	0,00184
Carbonate de magnésie.	0,00020	}	
	0,00364		

Les sels alcalins consistent essentiellement en carbonate, mais ils contenaient, en outre, une quantité notable de sulfate et une trace de chlorure, et ceux qui provenaient du marc renfermaient, de plus, une petite quantité de phosphate. Le phosphate de chaux était à peine coloré, et ne contenait qu'une trace d'oxyde de fer.

Raisin noir. Il a donné :

Raffes.	0,036	}		0,00060
Marc.	0,240	}	cendres.	0,00110
Jus filtré...	0,724	}		0,00298
	1,000			0,00468

Ainsi

1,00000 de raffes produisent : cendres.	0,01700
de marc.	0,04600
de jus.	0,00400

Ces cendres ont donné à l'analyse :

	Raffes.	Marc.	Jus.
Sels alcalins.	0,00020	0,00060	0,00155
Phosphate de chaux.	0,00014	0,00030	0,00072
Carbonates de chaux et de magnésie.	0,00026	0,00200	0,00072
	0,00060	0,00110	0,00298

Le Raisin entier contenait par conséquent :

Sels alcalins.	0,00234		0,00234
Phosphate de chaux.	0,00116	}	
Carbonates de chaux et de magn.	0,00118	}	0,00234
	0,00468		

Il y a, d'ailleurs, à faire sur la nature des cendres les mêmes observations que pour le Raisin blanc.

On voit que ces deux Raisins ont donné des résultats presque identiques. Seulement le jus de Raisin noir a laissé un peu plus de cendres que le jus de Raisin blanc ; mais l'un et l'autre ne renfermaient qu'une très-faible proportion de

sels alcalins. C'est, au reste, ce qu'avait déjà trouvé M. Bou-
chardat, à qui l'on doit des travaux importants sur la culture
de la Vigne et sur la fabrication des vins; car, en analysant
des jus filtrés provenant de plusieurs sortes de Raisin, il n'y
a jamais rencontré plus de **0,00067** de potasse (calculée probablement à l'état caustique et anhydré), et il a vu que la
proportion de cet alcali descendait même quelquefois à
0,00045. Il ne s'est pas occupé des substances terreuses,
mais il dit que, quand les vins sont devenus potables, ils ne
contiennent presque plus de chaux, et qu'ils ne laissent, par
évaporation, que **0,022** de résidu sec; il n'a pas brûlé ce résidu pour savoir ce qu'il donne de cendre.

Quoi qu'il en soit, il ressort de tout ce qui vient d'être dit
que ce n'est ni le vin ni même le Raisin entier qui enlèvent
au sol l'alcali que la culture de la Vigne exige, mais que c'est le
bois et les feuilles qui en absorbent la plus grande partie.

II. — FOURRAGES.

1° *Foin de Nonville, près Nemours.*

Ce foin provenait des prairies qui couvrent presque tout
le fond de la vallée du Lunain. Ces prairies sont inondées
deux fois par an, à l'automne et au printemps. Quoiqu'un
peu dur, le foin de Nonville passe pour être très-nourrissant
et beaucoup meilleur que celui de la vallée du Loing. On l'a
brûlé après plus d'un an de coupe, et il a donné **0,037** de
cendres, composées de :

Sulfate de potasse..	0,050	} 0,156	0,0018
Chlorure de potassium.	0,106		0,0041
Phosphate de chaux..	0,146		0,0054
Phosphate de fer.	0,020		0,0007
Carbonate de chaux..	0,432		0,0158
Carb. de magnésie et oxyde de fer..	0,036	} 0,844	0,0013
Silice..	0,200		"
Potasse combinée à la silice..	0,010		0,0079
	1,000		0,0370

Cette cendre est remarquable en ce qu'elle ne contient pas du tout de carbonates alcalins ; elle ne renferme pas non plus de soude, qu'on y a recherchée avec beaucoup de soin.

2° *Foin de Nemours.*

Le Loing, rivière qui passe à Nemours, est bordé de prairies dans presque toute sa longueur. Ces prairies ne fournissent, en général, que de l'herbe très-médiocre, mais celui qui a fait l'objet de l'expérience était un des meilleurs de la vallée. Il provenait d'un pré situé près de la ville, sur la route de Montargis, pré productif, parce qu'il est humide, mais qui n'est jamais inondé. Ce foin avait été récolté au commencement de juillet, et il était parfaitement sec ; aussi a-t-on pu le brûler avec facilité. Il a donné 0,0537 de cendres, qui ont été trouvées composées de :

Sulfate de potasse.	0,0120		0,000700
Chlorure de potassium.. . .	0,0364	0,1714	0,001960
Alcalis et carbon. alcalins. .	0,1220		0,007609
Phosphate de chaux.	0,1131		0,006071
Phosphate de fer..	0,0174		0,000934
Carbonate de chaux.	0,2262	0,8286	0,012140
Carbonate de magnésie. . .	0,0739		0,003970
Silice.	0,3980		0,020316
	1,0000		0,053700

Presque tout l'alcali qui n'est pas à l'état de sulfate et de chlorure est en combinaison avec la silice.

La proportion de la silice, qui provient des graminées, est beaucoup plus grande dans ce foin que dans le foin de Nonville, tandis qu'au contraire la proportion de carbonate de chaux, qui provient pour la plus grande partie des plantes légumineuses, est beaucoup moindre. De là vient, sans doute, la supériorité de qualité du foin de Nonville sur le foin de Nemours.

3° *Luzerne d'Orange* (département de Vaucluse).

Cette Luzerne a été récoltée dans un champ peu éloigné de

la ville, où elle devient très-belle. La terre dans laquelle
elle croissait renferme plus de 0,30 de carbonate de chaux,
et l'on prétend qu'elle contient aussi une quantité très-notable de sulfate; le plâtrage n'y produit aucun effet.

On a examiné séparément la Luzerne provenant d'une
coupe principale faite en 1850, et la Luzerne provenant
d'un regain récolté en 1851.

Coupe principale. — Après avoir été desséchée à environ
100 degrés, elle a donné 0,089 de cendres blanches, composées de :

Sulfate de potasse.	0,1000		0,00890
Chlorure de potassium.. . . .	0,0644	0,2700	0,00571
Carbonates alcalins.	0,1056		0,00939
Phosphate de chaux.	0,0730		0,00650
Carbonate de chaux.	0,0340		0,05640
Carbonate de magnésie. . .	0,0070	0,7300	0,00070
Silice.	0,0160		0,10140
	1,0000		0,08900

Regain. — L'échantillon a été pris dans le grenier à fourrages; il était bien sec; mais placé sur un poêle, il perdait
encore 0,10 de son poids. L'analyse n'a porté que sur l'échantillon simplement séché à l'air. On l'a divisé en deux
parties, renfermant, l'une, les tiges ligneuses sans feuilles,
et l'autre, au contraire, toutes les feuilles et les menues
branches herbacées; et on a examiné séparément chacune de
ces parties.

Tiges. — Les tiges ont donné 0,055 de cendres, composées de :

Sulfate de potasse..	0,056		0,0031
Chlorure de potassium. . . .	0,125	0,600	0,0069
Carbonates alcalins.	0,419		0,0230
Phosphate de chaux..	0,307		0,0042
Carbonate de chaux..	0,076		0,0169
Carbonate de magnésie. . . .	0,008	0,400	0,0004
Silice.	0,009		0,0005
	1,000		0,0550

Parties herbacées. — Les parties herbacées ont donné
0,100 de cendres, contenant :

Sulfate de potasse.	0,160		0,0160
Chlorure de potassium......	0,105	0,350	0,0105
Carbonates alcalins.	0,085		0,0085
Phosphate de chaux.........	0,091		0,0092
Carbonate de chaux.	0,530	0,650	0,0530
Carbonate de magnésie.....	0,013		0,0013
Silice	0,010		0,0010
	1,000		0,1000

Les parties herbacées laissent près de deux fois autant de cendres que les tiges nues; mais leurs cendres sont moins alcalines. On peut remarquer aussi que le regain contient plus de sels alcalins que la coupe principale.

4° *Luzerne de Nemours*.

Cette Luzerne provenait d'un champ situé à 1 kilomètre de la ville, près de la route de Montereau; la terre est argilo-graveleuse et calcaire, et elle a beaucoup de fond. La Luzerne avait été plâtrée et était fort belle. Elle avait été fauchée à la fin de juin; et, après trois mois de conservation sur le sol d'une chambre bien aérée, elle avait perdu 0,74, c'est-à-dire près des trois quarts de son poids. Dans cet état, la presque totalité des feuilles s'en sont détachées par une simple secousse, et on a trouvé que leur poids était d'environ un cinquième. Mais on a brûlé le tout ensemble et on en a obtenu 0,093 de cendres blanches; ce qui équivaut aux 0,024 de la plante verte. Ces cendres étaient composées de :

Sulfate de potasse,.........	0,0266		0,00247
Chlorure de potassium.....	0,0190	0,1900	0,00177
Carbonates alcalins.........	0,1444		0,01343
Phosphate de chaux.......	0,0843		0,00784
Carbonate de chaux	0,6426	0,8100	0,05976
Carbonate de magnésie.....	0,0607		0,00565
Silice.....................	0,0224		0,00208
	1,0000		0,09300

On voit que, bien que cultivées à grande distance l'une de l'autre et sous des climats très-différents, ces deux Luzernes ont entre elles la plus grande analogie tant sous le rapport de la grande proportion de substances minérales qu'elles contiennent que sous le rapport de la nature de ces substances.

5° *Vesce récoltée à Nemours.*

Cette Vesce avait été semée en automne et elle avait très-bien réussi ; on ne l'a coupée qu'au printemps, au moment où elle montrait ses premières fleurs. On en a conservé un poids déterminé dans une chambre aérée ; au bout de six semaines elle était sèche et ne pesait plus que **0,172** ; elle avait donc perdu **0,828** d'eau. Elle s'est alors brûlée très-facilement et elle a laissé **0,101** de cendres, composées de :

Sulfate de potasse............	0,0047		0,00047
Chlorure de potassium. ...	0,0010	0,2100	0,00010
Carbonates alcalins.........	0,2043		0,02068
Phosphate de chaux........	0,1777		0,01795
Phosphate de fer.	0,0079		0,00079
Carbonate de chaux........	0,5333	0,7900	0,05388
Carbonate de magnésie. ...	0,0237		0,00239
Silice......................	0,0474		0,00479
	1,0000		0,10165

La Vesce verte devait contenir **0,0173** de substances minérales, savoir : **0,0036** des sels alcalins et **0,0137** de matières terreuses.

6° *Vesce à feuilles pictée* (Vicia picta).

Cette plante est originaire de l'Asie Mineure, et elle est considérée comme un fourrage excellent et très-productif ; elle croît très-rapidement et s'élève beaucoup. On la cultive depuis quelque temps au jardin des Plantes pour en faire l'essai ; c'est là qu'elle a été récoltée en mai **1850**. Les tiges avaient au moins 0^m,40 de hauteur ; mais on n'y voyait pas encore de boutons de fleurs. On l'a fait sécher complétement sur un poêle avant de la brûler ; elle était alors très-cassante, mais elle avait conservé sa couleur verte. Dans cet état elle a laissé **0,125** de cendres, composées de :

Sulfate de potasse............	0,0885		0,01091
Chlorure de potassium......	0,0660	} 0,4400	0,00818
Carbonates alcalins.........	0,2860		0,03546
Phosphate de chaux........	0,1736		0,02152
Phosphate de fer...........	0,0224		0,03202
Phosphate de manganèse...	Trace notable.	} 0,5600	Trace notable.
Carbonate de chaux........	0,2582		0,00277
Carbonate de magnésie.....	0,0756		0,00938
Silice.....................	0,0302		0,00376
	1,0000		0,12400

La Vesce pictée est, comme on peut voir, beaucoup plus riche en sels alcalins que la Vesce ordinaire. Peu de plantes en contiennent une aussi forte proportion.

7° *Salicornia herbacea* de Salins (Jura).

Cette plante avait été récoltée dans un terrain qui est arrosé par des eaux salées provenant de la saline de *Salins*; aussi était-elle très-imprégnée de sel. Pour l'en débarrasser, on l'a lavée par immersion dans l'eau à diverses reprises, et jusqu'à ce que l'eau ne se trouble plus par le nitrate d'argent; ensuite on l'a exposée au soleil jusqu'à dessiccation complète.

Par ces deux opérations, le poids de la plante s'est réduit à 0,033; ainsi préparée, elle s'est brûlée très-facilement et elle a laissé 0,094 de cendres, qui ont été trouvées composées de :

Sulfate de soude...........	0,0400		0,00376
Chlorure de sodium........	0,0211	} 1,610	0,00198
Carbonate de soude........	0,0551		0,00518
Carbonate de potasse......	0,0448		0,00421
Phosph. de chaux ferreux..	0,0713		0,00670
Carbonate de chaux........	0,6850	} 0,8390	0,06439
Carbonate de magnésie....	0,0635		0,00597
Silice.....................	0,0192		0,00181
	1,0000		0,00400

La soude contenue dans les sels alcalins est à la potasse : 10 : 9.

On voit que, dans l'acte de la végétation, le sol marin est, pour la plus grande partie, décomposé avec expulsion du chlore.

8° *Garance de Nemours. — Herbes. — Racines.*

Cette garance provenait de graines tirées d'Avignon, et qui avaient été semées au printemps dans le champ du Marabout. Malgré la nature toute graveleuse du terrain, elle avait parfaitement réussi, et on a pu en faire la récolte au bout de trois ans. Les racines n'étaient pas grosses, mais longues, et on a jugé qu'elles étaient comparables aux meilleures racines d'Avignon, dites de seconde qualité.

Herbe. — L'herbe, fauchée en septembre, après la floraison, avait été complétement séchée à l'air comme les autres fourrages. Elle a laissé, par combustion, 0,140 de cendres, composées de :

Sulfate de potasse	0,060		0,0084
Chlorure de potassium	0,090	0,300	0,0126
Carbonates alcalins	0,150		0,0210
Phosphate de chaux	0,070		0,0100
Phosphate de fer	0,015		0,0021
Carbonate de chaux	0,500	0,700	0,0700
Carbonate de magnésie	0,025		0,0035
Silice	0,090		0,0124
	1,000		0,1400

On a compris dans les carbonates alcalins une petite quantité d'alcali caustique, qui était combinée avec de la silice.

Racines. — Après avoir été conservées pendant quatre ans dans un laboratoire, et étant par conséquent très-sèches, ces racines ont laissé, par combustion, 0,07825 de cendres un peu brunes, composées de :

Sulfate de potasse	0,0393		0,003075
Chlorure de potassium	0,0314	0,3818	0,002460
Carbonates alcalins	0,3111		0,025215
Phosphate de chaux	0,0971		0,007600
Phosphate de fer	0,0509		0,003990
Carbonate de chaux	0,3501	0,6182	0,027600
Carbonate de magnésie	0,0413		0,003250
Silice	0,0788		0,005060
	1,0000		0,078250

En faisant immédiatement digérer les racines dans l'eau chaude, elles deviennent très-brunes, et l'on obtient une liqueur d'un brun rouge foncé, qui tient en dissolution la presque totalité des sels alcalins, un peu de silice et une grande partie des phosphates de chaux et de magnésie.

9° *Roseaux de Nemours.*

Ces Roseaux provenaient des bords du Loing, sur la route de Montargis. Ils avaient été coupés en septembre 1849, et conservés dans une chambre sèche jusqu'en septembre 1850. Leur hauteur était de 20 à 30 décimètres; ils étaient garnis de leurs feuilles, mais non de leurs fleurs ou de leurs fruits. Lorsqu'on les a brûlés, ils n'étaient pas encore parfaitement secs vers le bas de la tige; cependant on a pu les incinérer complétement, et ils ont fourni 0,0445 de cendres pures.

Ces cendres ont été trouvées composées de :

Sulfate de potasse..........	0,0340	0,0015
Chlorure de potassium.....	0,0078	0,0004
Potasse et silice combinées.	0,0400	0,0018
Silice libre...............	0,7822	0,0350
Phosphate de chaux un peu-ferreux................	0,0660	0,0028
Carbonate de chaux.......	0,0600	0,0025
Carbonate de magnésie. ...	0,0100	0,0005
	1,0000	0,0445

10° *Tiges de Giraumonts de Nemours.*

Les Giraumonts étaient de la grande espèce. L'herbe entière, garnie de ses feuilles, en a été coupée à la fin de l'automne, au moment de la récolte des fruits. Mise à sécher dans une chambre aérée pendant deux mois et demi, elle a perdu les quatre cinquièmes de son poids, et elle aurait pu être desséchée encore davantage. Mais dans cet état elle s'est brûlée assez facilement, et elle a laissé 0,1534 de cendres, qui ont été trouvées composées de :

Sulfate de potasse............	0,0360		0,00552
Chlorure de potassium.......	0,0630	0,2690	0,00966
Carbonates alcalins..........	0,1700		0,02607
Phosphate de chaux........	0,1460		0,02239
Phosphate de fer............	0,0130		0,00199
Carbonate de chaux........	0,4700	0,7310	0,07210
Carbonate de magnésie......	0,0200		0,00307
Silice......................	0,0820		0,01260
	1,0000		0,15340

Cette plante est remarquable par la grande proportion de cendres qu'elle donne et par sa richesse en sels alcalins. Avant d'être desséchée, elle devait contenir 0,0306 de substances minérales, savoir : 0,0082 de sels alcalins, 0,0224 de matières terreuses. Cependant la *Vicia picta* est plus riche encore.

11° *Tiges d'Asperges mortes de Nemours.*

Le champ qui a produit ces Asperges était en plein rapport quand on a fait l'expérience. On les a coupées au mois de novembre; elles étaient mortes, mais le bas des tiges de quelques-unes était encore vert. On n'a pris que les individus mâles, et on a obtenu, par combustion, 0,0330 de cendres, qui ont été trouvées composées de :

Sulfate de potasse............	0,0786		0,00262
Chlorure de potassium......	0,0850		0,00280
Chlorure de sodium........	0,0044	0,1750	0,00015
Carbonate de potasse.......	0,0070		0,00023
Phosp. de chaux manganésé.	0,0620		0,00207
Phosp. de magnésie ferreux.	0,0330		0,00128
Carbonate de chaux........	0,7087	0,8250	0,02310
Silice.....................	0,0213		0,00075
	1,0000		0,03300

La proportion des chlorures étant considérable, on a recherché la soude avec beaucoup de soin; mais, comme on voit, on n'en a trouvé qu'une très-petite quantité.

12° *Canée ou Lentille d'eau de Nemours.*

On sait que cette plante n'a point de racines qui touchent à la terre et qu'elle croît à la surface de l'eau, et par conséquent uniquement aux dépens des substances qui se trouvent en dissolution dans ce liquide. Tous les oiseaux aquatiques, et particulièrement les canards, la mangent avec avidité. Celle que l'on a examinée avait été récoltée sur une fontaine du champ du Marabout, entourée de murs maçonnés, mais dans laquelle l'air a un très-facile accès. On en a enlevé une certaine quantité que l'on a fait égoutter sur une pierre inclinée, et que l'on a laissée exposée à l'air pendant vingt-quatre heures pour que l'eau de mouillage s'évapore; puis on a pris 1,000 grammes de cette Canée ainsi préparée que l'on a étendue sur le sol d'une chambre aérée pendant deux mois pour qu'elle se dessèche complétement. Au bout de ce temps, elle avait perdu les neuf dixièmes de son poids. On l'a alors chauffée dans un têt : elle s'est charbonnée rapidement en répandant d'abord une fumée peu épaisse et peu odorante, puis une flamme jaunâtre; et enfin le charbon a achevé de brûler comme de la braise, et il est resté 0,51 de cendres blanches, dans lesquelles on a trouvé (en moyenne) :

Chlorure de sodium	0,0135		0,0009
Chlorure de potassium	0,0118		0,0060
Sulfate de potasse	0,0137	0,0785	0,0070
Carb. de potasse et potasse	0,0395		0,0201
Phosphate de chaux ferreux	0,0882		0,0450
Carbonate de chaux	0,6683		0,3400
Carbonate de magnésie	0,0180	0,9215	0,0100
Silice	0,1470		0,0750
	1,0000		0,5100

Le sodium y a été recherché avec un soin particulier.

L'énorme proportion de cette cendre étant extraordinaire, on l'a vérifiée et on a contrôlé l'analyse de la cendre en procédant de deux manières différentes :

1° On a traité une certaine quantité de cendre par de l'acide

acétique en excès et bouillant ; puis la liqueur filtrée a été
évaporée à sec, et le résidu a été chauffé au rouge naissant
dans une capsule de platine. Ensuite on a traité ce dernier
résidu par de l'eau bouillante ; on l'a complétement lavé, et la
liqueur évaporée a laissé la majeure partie des sels alcalins ;
la partie insoluble dans l'eau, calcinée, se composait de carbonates de chaux et de magnésie retenant un peu de phosphate de chaux. La portion de la cendre non dissoute dans
l'acide acétique a été traitée par l'acide muriatique, et on y
a trouvé du phosphate de chaux, de la silice gélatineuse, du
sable accidentel, et une petite quantité de potasse qui avait
été combinée dans la cendre avec la silice et que l'acide acétique n'avait pas complétement enlevée.

2° On a mis de la Canée sèche en digestion pendant huit
jours dans de l'acide acétique étendu d'eau, puis on a fait bouillir ; après quoi, on a filtré et lavé complétement. La liqueur
était couleur feuille morte ; en la rapprochant elle a bruni,
et elle a enfin laissé un résidu noir qui, calciné et grillé, a
donné la totalité des alcalis, de la magnésie, des phosphates
et la plus grande partie de la chaux. La partie de la Canée
qui n'avait pas été attaquée par l'acide acétique a été brûlée
et le résidu dissous dans l'acide muriatique : on y a trouvé
la silice, l'oxyde de fer, une petite quantité de chaux et de
phosphate de chaux ; mais il n'y restait pas la plus petite trace
d'alcali. Les deux analyses se sont accordées.

Il est à remarquer, cependant, que des échantillons de
Canée venant d'autres localités n'ont donné que 0,28 à 0,30
de cendres, et que ces cendres renfermaient de 0,13 à 0,15
de sels alcalins. On serait assez porté à croire qu'une partie
du carbonate de chaux est étranger à la cendre et provient
soit de l'eau, qui le laisse déposer par évaporation spontanée,
soit d'une partie de la Canée morte et décomposée ; d'autant
plus que celle-ci produit une effervescence notable par l'action de l'acide muriatique.

III. — CÉRÉALES.

1e Blé-Froment. — Grains entiers. — Farine. — Gruau. — Son brut. — Son purifié. — Paille. — Froment en herbe.

Blé blanc dit Blé chartrain, récolté dans la plaine de Puiseaux. Calciné fortement en vases clos, ce Blé donne 0,165 de charbon métalloïde, qui ne se brûle que lentement et difficilement, même lorsqu'il a été porphyrisé, et qui laisse enfin 0,015 de cendres, composées de :

Phosphate de potasse........	0,500	0,0075
Phosph. de chaux manganésé.	0,220	0,0033
Phosph. de magnésie ferreux.	0,280	0,0042
	1,000	0,0150

Blé rouge de Saumur récolté dans la plaine de Puiseaux. Par calcination en vase clos, il donne 0,195 de charbon métalloïde, difficile à brûler, et qui laisse, par combustion, 0,016 de cendres, composées de :

Phosphate de potasse........	0,490	0,0078
Phosph. de chaux manganésé.	0,238	0,0039
Phosp. de magn. peu ferreux.	0,272	0,0043
	1,000	0,0160

Ces cendres ne renferment pas de sulfates; mais elles contiennent des traces de chlorure et de silice.

Blé d'Égypte envoyé immédiatement d'Égypte à M. de Gasparin. Il était de belle qualité, mais souillé visiblement par le mélange d'une petite quantité d'argile noire dont il a été facile de le débarrasser par la lévigation. Ce Blé peut absorber 0,43 d'eau froide en vingt-quatre heures et 0,63 en trois jours. Après avoir été purifié et bien desséché, il a donné 0,015 de cendres, qui ont été trouvées composées de :

Phosphate de potasse.......	0,517	0,00775
Phosphate de chaux.........	0,200	0,00300
Phosphate de magnésie.	0,283	0,00425
	1,000	0,01500

Résultat presque identique avec les deux précédents.

Farine de gruau. — Cette farine a été achetée sur le marché de Paris, et passait pour être de très-belle qualité. Elle a donné, par la calcination en vase clos, 0.158 de charbon métalloïde et spongieux, en diminuant beaucoup de volume. Elle a brûlé en s'agglomérant et sans se boursoufler, et elle a laissé 0,0068 seulement de cendres qui contenaient :

Phosphate de potasse........	0,603	0,0041
Phosphate de chaux.........	0,235	0,0016
Phosphate de magnésie......	0,162	0,0011
	1,000	0,0068

La proportion de cendres est moitié moindre que dans les grains entiers. On sait que le gruau est la partie qui occupe le centre de ces grains.

Son brut. — On s'accorde à admettre que par la mouture on sépare du Froment 0,20 à 0,25 de son. On a considéré celui-ci pendant longtemps comme identique avec le bois ou le ligneux; mais cette opinion est tout à fait abandonnée maintenant. D'abord il est mécaniquement complexe, car il est formé de fragments conchoïdes de l'écorce du grain qui sont enduits intérieurement d'une couche plus ou moins épaisse de farine; et en outre, indépendamment de cet enduit, sa composition n'est point du tout celle du bois, et elle se rapproche plutôt de celle de la farine; seulement elle admet en mélange de la *cellulose*, principe essentiel du ligneux, et qui paraît s'y trouver dans la proportion d'environ 0,10. Enfin les substances minérales que renferme le son diffèrent totalement de celles que contient le bois. On pourrait en dire autant relativement au rapprochement que l'on serait tenté de faire entre le son et la paille. Ces deux matières donnent des cendres qui sont de nature tout à fait différente.

On prépare pour les besoins usuels plusieurs variétés de son, que l'on distingue par les qualifications de *gros*, *moyen* et *fin*; mais ces diverses variétés renferment à peu près les mêmes proportions relatives de farine et d'écorce. Le son moyen, non tassé, pèse environ 150 gr. le litre. Lorsqu'on le grille, il s'enflamme promptement, se charbonne en s'agglomérant légèrement, puis brûle lentement et difficilement, et laisse 0,053 de cendre frittée, composée de :

Phosphate de potasse........	0,530	0,0280
Phosphate de chaux.........	0,113	0,0060
Phosphate de magnésie	0,357	0,0190
	1,000	0,0530

Son purifié. — On n'a aucun moyen de séparer mécaniquement en totalité la farine de l'écorce à laquelle elle adhère ; mais on parvient à opérer cette séparation en employant l'action de l'eau sur le son ou même directement sur le grain. On laisse digérer l'une ou l'autre de ces matières dans ce liquide jusqu'à ce qu'elle en soit complétement imbibée ; puis on la malaxe entre les mains, on la comprime, on décante l'eau sur un tamis fin pour ne rien perdre ; on renouvelle l'eau, on délaye de nouveau, et on répète les mêmes manœuvres jusqu'à ce que le liquide, d'abord laiteux, parce qu'il contient la farine délayée en suspension, soit parfaitement limpide. Alors le son ne se compose plus que de l'écorce du Blé, et, après qu'il a été desséché à l'air, il paraît être homogène et il ressemble tout à fait à de la sciure de bois ; c'est sans doute cette ressemblance qui l'a fait identifier pendant longtemps avec le ligneux. Si le son préparé ainsi est absolument exempt de farine adhérente, il n'est pas certain qu'il n'ait pas été notablement altéré par l'action de l'eau ; car, après sa préparation, ce liquide, outre qu'il renferme en suspension de la farine, qui s'en sépare peu à peu par le repos, contient diverses substances en dissolution, et l'on ne sait pas si une partie de ces substances ne provient pas du son. En rapprochant la liqueur, elle devient brune, se fonce de plus en plus en couleur, et en l'évaporant à sec elle laisse un dépôt noir cassant qui se brûle très-facilement, et laisse une cendre toute phosphatée, comme les grains.

Dans une expérience faite sur du son moyen, on a obtenu 0,70 de son purifié, qui a laissé, par combustion, 0,038 de cendres (0,0543 du poids du son purifié), et un résidu d'évaporation d'eau de lavage qui en a produit 0,014, total 0,052 ;

ce qui équivaut à peu près à la proportion qu'en donne le son brut : d'où il faut conclure que la farine qui se dépose ne retient presque pas de sels.

Les cendres du son purifié ont été trouvées composées de :

Phosphate de potasse........	0,367	0,0200
Phosphate de chaux........	0,200	0,0109
Phosphate de magnésie.....	0,433	0,0234
	1,000	0,0543

et les cendres provenant des eaux de lavage, de :

Phosphate de potasse.................................	0,700	
Phosphate de chaux................................	} 0,300	
Phosphate de magnésie.............................		
	1,000	

D'où l'on voit que l'eau enlève principalement le phosphate alcalin, mais qu'elle dissout aussi une certaine quantité de phosphates terreux.

En admettant que le Blé produit à la mouture 0,20 à 0,25 de son brut, on voit que, puisque celui-ci ne renferme que 0,70 de son pur, la proportion de ce dernier son dans le grain n'est que d'environ 0,14 à 0,17. Pour contrôler ce résultat, j'ai soumis à l'action de l'eau et à la compression alternativement 100 gr. de Froment d'Égypte en grains, et j'en ai effectivement retiré 14 gr. de son pur et sec.

Paille. — Une ancienne analyse a donné pour de la paille de Froment récoltée dans la plaine de Puiseaux, auprès du village de Puiselet, 0,044 de cendres contenant :

Sulfate de potasse...........	0,003		0,0001
Chlorure de potassium......	0,029	0,166	0,0013
Potasse combinée...........	0,034		0,0059
Chaux....................	0,157		0,0025
Oxyde de fer..............	0,026		0,0011
Acide phosphorique........	0,012	0,834	0,0006
Silice....................	0,739		0,0325
	1,000		0,0440

Il n'y a pas la moindre analogie, comme on voit, entre la composition de ces cendres et celle des cendres de son.

Froment en herbe d'Obsonville. — Ce Froment a été récolté à Obsonville, près de Nemours, dans une bonne terre argilo-calcaire, peu profonde et dont le sous-sol appartient au calcaire d'eau douce supérieur. On l'a coupé au moment où il allait fleurir, et on l'a mis à dessécher pendant un an dans une chambre. Au bout de ce temps il avait encore une couleur verdâtre, mais il avait perdu environ les quatre cinquièmes de son poids. Dans cet état, il s'est brûlé sans trop de difficulté, et il a laissé une cendre noirâtre qui était encore mêlée d'environ 0,05 de charbon. Abstraction faite de ce charbon et d'une petite quantité de sable accidentel, cette cendre a été trouvée composée de :

Chlorure de potassium	0,065
Potasse combinée à de la silice	0,360
Silice combinée à la potasse	0,500
Phosphate de chaux	0,050
Phosphates de magnésie et de fer	0,025
	1,000

Lorsqu'on la traite par l'eau bouillante, tout le chlorure se dissout, avec un silicate de potasse très-basique ; mais la plus grande partie de la silice reste dans le résidu en retenant une certaine quantité de potasse en combinaison.

L'herbe de Blé est très-riche en alcalis, mais ne renferme pas encore tout formé le phosphate de potasse que le grain contiendra plus tard.

2° Seigle multicaule ou de la Saint-Jean.—Graine.—Son.—Paille.

Ce Seigle avait été semé, en juillet 1847, dans le Marabout, à Nemours, et récolté en juillet 1848. Il s'était élevé jusqu'à 2^m,40 de hauteur ; il avait *tallé* beaucoup, et il avait produit 28 à 30 de grains pour 1.

Grains. — Par calcination en vases clos, ces grains ont laissé 0,16 de charbon métalloïde, sans changer de forme, sans diminuer sensiblement de volume et en s'agglomérant à peine, et par grillage ils ont donné 0,0200 de cendres blanches, composées de :

Sulfate de potasse.............	0,040		0,0008
Chlorure de potassium.......	Trace.	0,525	Trace.
Phosphate de potasse........	0,485		0,0097
Phosph. de chaux manganésé.	0,292	0,475	0,0058
Phosp. de mang. peu ferreux.	0,183		0,0037
	1,000		0,0200

Traitées par l'eau chaude, ces cendres ne laissent dissoudre que les 0,15 de leur poids de sels alcalins, qui se composent de sulfate et de phosphate, et d'une trace de chlorure.

Son brut. — Je n'ai pas examiné le son du Seigle multicaule ; mais j'ai opéré sur le son de Seigle que l'on trouve dans le commerce de Paris. On laisse à dessein dans ce son une grande quantité de farine, parce qu'on le destine à la nourriture des chevaux, en le mettant dans l'eau pour en faire ce qu'on appelle *la buvée*.

Le son de Seigle pris au marché pèse à peu près 240 grammes le litre. Il brûle en s'agglomérant à peine, et il laisse 0,045 de cendres beaucoup moins ramollissables que les cendres de son de Froment et qui contiennent :

Phosphate de potasse........	0,600	0,0270
Phosphate de chaux.........	0,110	0,0050
Phosphate de magnésie.......	0,269	0,0120
Phosphate de manganèse.....	0,021	0,0010
	1,000	0,0450

Son pur. — Pour me procurer du son pur, je me suis servi du son brut, que j'ai traité par l'eau, tout comme le son de Froment, et j'ai extrait de ce son 0,48 à 0,49 de son tout à fait exempt de farine, ressemblant à de la sciure de bois, et d'une couleur tirant sensiblement plus sur le brun que le son de Froment. Ce son de Seigle purifié contient 0,036 de cendres, dont l'analyse approximative a donné :

Phosphate de potasse........	0,277	0,0100
Phosphate de chaux.........	0,333	0,0120
Phosphate de magnésie......	0,390	0,0140
	1,000	0,0360

Dans la préparation du son de Seigle, l'eau tient en suspension et laisse déposer au bout de quelque temps une assez grande quantité de farine, qui se prend d'abord en pâte et qui ensuite , par dessiccation à l'air , devient compacte et solide. Cette matière donne, par calcination en vase clos, 0,14 de charbon aggloméré en masse caverneuse, mais peu métalloïde. Par combustion elle laisse 0,025 de cendres pulvérulentes qui se composent principalement de phosphates terreux.

Paille. — La paille de Seigle multicaule, dont on avait séparé les grains en la battant sur un tonneau, après trois mois de dessiccation dans une chambre, conservait encore une grande flexibilité, et elle était très-propre à faire des liens, principalement pour *accoler* la Vigne. Elle a donné 0,040 de cendres, composées de :

Sulfate de potasse	0,050		0,00200
Chlorure de potassium	0,030		0,00120
Phosphate de potasse	0,004	0,269	0,00016
Carbonates alcalins	0,185		0,00740
Phosphate de chaux	0,091		0,00365
Carbonate de chaux	0,025	0,731	0,00100
Silice	0,615		0,02459
	1,000		0,04000

On a réuni avec les carbonates alcalins la potasse qui se trouve à l'état de combinaison avec la silice. Lorsqu'on traite ces cendres par l'eau, il reste avec les autres matières terreuses un sous-silicate qui contient environ les 0,05 de son poids d'alcali.

Les cendres de son de Seigle ne ressemblent pas plus que les cendres de son de Froment aux cendres de bois ou aux cendres de paille.

3° *Orge.* — *Grains.* — *Farine brute.* — *Orge perlé.* — *Son.*

Le commerce de détail désigne l'Orge dans son état naturel par la dénomination d'*Orge en paille*, et le grain dont on a enlevé l'écorce sous l'action des meules par la dénomination d'*Orge perlé*. En outre, on prépare, pour la nourriture des chevaux, etc., de la farine d'Orge dans laquelle on laisse tout le son. J'ai examiné la nature des cendres de ces trois sortes d'Orge, et aussi celle des cendres de son que j'ai pu me procurer.

Orge naturelle ou en paille achetée à Paris. — Le litre *ras* de ce grain pesait 550 grammes. Par combustion, il a laissé 0,0200 de cendres, composées de :

Phosphate de potasse.......	0,125	0,00250
Phosphate de chaux.........	0,150	0,00300
Phosphate de magnésie.....	0,250	0,00500
Silice....................	0,250	0,00500
Potasse combinée..........	0,225	0,00450
	1,000	0,02000

Dans le phosphate de potasse on a compris une petite quantité de sulfate et de chlorure. Le phosphate de chaux renfermait une quantité notable de phosphate de manganèse.

Farine brute. — Au moyen du tamis de soie, on peut séparer de la farine pure de cette farine brute ; au moyen du tamis de crin, la farine qui passe est mêlée de petites particules de son visibles à l'œil nu, et ce qui reste sur le tamis, outre du gros son, contient une grande quantité de fragments de matières farineuses. Le litre ras de cette farine brute pesait 340 grammes. Elle a donné, par combustion, 0,0225 de cendres, composées de :

Phosphate de potasse.......	0,089	0,0020
Phosphate de chaux........	0,311	0,0070
Phosphate de magnésie.....	0,244	0,0055
Silice....................	0,178	0,0040
Potasse	0,178	0,0040
	1,000	0,0225

Il y a une différence notable entre la composition de cette cendre et de la précédente. En examinant d'autres variétés d'Orge, on a trouvé encore des nombres différents.

Orge perlé. — L'Orge perlé est en grains ronds d'un blanc mat, et il ressemble effectivement beaucoup à des perles ; mais il y reste encore un peu de son, qui remplit le sillon que présente le grain.

L'échantillon examiné, pris à Paris, a produit, par calcination en vase clos, **0,155** de charbon métalloïde formé de grains agglomérés, mais qui avaient cependant tous conservé leur forme; et par combustion ils ont laissé **0,0060** de cendres blanches, composées de :

Phosphate de potasse.	0,366	0,0022
Phosphate de chaux	0,250	0,0015
Phosphate de magnésie.	0,216	0,0013
Potasse.	0,168	0,0010
	1,000	0,0060

On voit que l'Orge dépourvue de son écorce renferme beaucoup moins de substances minérales que l'Orge brute. Je n'ai pas recherché à quel état de combinaison la potasse s'y trouve.

Son. — On ne peut se procurer de son d'Orge exempt d'un mélange de farine par aucun moyen purement mécanique; il est même beaucoup plus difficile d'extraire ce son, soit de l'Orge en paille, soit de la farine brute, en employant l'action de l'eau froide que pour le Froment, parce que la matière féculente ne se résout sous la meule qu'en petits grains et non en poussière impalpable, et qu'elle ne se désagrége que très-lentement dans l'eau froide; mais, à l'aide de l'eau bouillante, en froissant entre les mains, décantant et réitérant ce traitement un grand nombre de fois, on y parvient, et l'on obtient la totalité du son tout à fait pur, ressemblant à de la sciure de bois, et dans lequel on ne voit plus aucune particule de farine. De cette manière, j'en ai extrait **0,20** à **0,22**, tant de l'Orge en grains que de la farine brute. Le son ainsi préparé ne contient plus de matières féculentes; mais la longue action qu'il a éprouvée de la part de l'eau bouillante lui a enlevé une assez grande quantité de substances organiques, et probablement aussi de substances minérales, car il n'a produit que **0,0274** de cendres, tandis que tout porte à croire qu'il devrait en donner beaucoup plus. Ces cendres contenaient approximativement :

Phosphate de chaux.........	0,450	0,0180
Phosphate de magnésie.....	0,200	0,0080
Silice....................	0,250	0,0010
Potasse..................	0,100	0,0004
	1,000	0,0274

Calciné en vase clos, ce son a laissé 0,175 de charbon métalloïde.

4° *Avoine. — Grains. — Balles. — Son. — Gruau.*

Grains. — L'Avoine sur laquelle on a expérimenté, et qui avait été prise sur le marché de Paris, se composait essentiellement de grains de couleur blonde; mais on y distinguait aussi des grains noirs dont la densité était plus grande que celle des premiers, puisqu'ils tombaient au fond de l'eau, tandis que les premiers surnageaient pendant quelque temps. Le litre ras pesait 380 grammes. Par calcination en vase clos, elle a laissé 0,17 de charbon métalloïde, sans que les grains changeassent de forme et s'agglomérassent en aucune façon, et par combustion elle a donné 0,0273 de cendres, composées de :

Phosphate de potasse.........	0,075	0,0020
Phosphate de chaux.........	0,165	0,0045
Phosph. de magnésie ferreux.	0,200	0,0055
Silice...................	0,440	0,0120
Potasse.................	0,120	0,0033
	1,000	0,0273

Balles. — On appelle ainsi les appendices en forme de feuilles longues et étroites qui environnent les grains. Ces balles sont très-minces, flexibles et élastiques; aussi s'en sert-on pour faire des sommiers, principalement pour l'usage des enfants. Elles sont si légères, que le litre non foulé pèse tout au plus 20 grammes. Elles brûlent avec la plus grande facilité et laissent 0,133 de cendres, composées de :

Phosphate de chaux.........	0,093	0,0124
Phosph. de magnésie ferreux.	0,151	0,0201
Silice...................	0,710	0,0944
Potasse combinée	0,046	0,0061
	1,000	0,1330

Comme on ne peut séparer l'écorce des grains, c'est-à-dire le son, qu'en employant l'action de l'eau, et que les balles ont la plus grande analogie avec cette écorce, il m'a paru utile d'examiner comment elles se comportent avec ce liquide. En conséquence, j'ai maintenu 30 grammes de balles bien nettes dans de l'eau bouillante pendant plusieurs heures; puis j'ai décanté l'eau, qui est devenue brune au premier contact, même à froid; j'ai exprimé le jus des balles en les comprimant fortement entre les mains, j'ai filtré toutes les liqueurs et je les ai fait évaporer à siccité. Elles ont laissé une matière d'un noir brun, cassante, et qui, par combustion, a donné 1 gramme de cendres scoriformes noires, qui n'ont pu être décolorées qu'en les porphyrisant et les grillant de nouveau. Elles contenaient environ :

Silice...	0,550
Potasse...	0,200
Phosphates terreux...................................	0,250
	1,000

Quant aux balles, après les avoir lavées par compression à très-grande eau, on les a brûlées, et elles ont laissé 3 grammes de cendres, qui avaient à peu près la même composition que les précédentes, mais qui étaient moins alcalines. On voit que l'eau bouillante a enlevé aux balles environ le quart des substances minérales qu'elles renfermaient, et encore n'a-t-on pas tenu compte de tout ce que le lavage à froid a dû faire perdre.

Son. — On ne sépare complétement et à l'état de pureté le son de l'Avoine que très-difficilement : j'y suis cependant parvenu en n'employant que de l'eau froide; mais il a fallu huit jours de compression et de lavage pour séparer toutes les parties farineuses. Il est resté 0,29 d'écorce ayant le même aspect que les balles; cette écorce brûle très-facilement et laisse 0,034 de cendres qui ont à peu près la même composition que celles des balles. Mais, d'après ce que l'on a vu plus haut, il est probable que la grande quantité d'eau qu'il a fallu employer pour préparer le son lui a enlevé une quantité notable de substances minérales.

Gruau ou Avoine perlée. — Le gruau d'Avoine non moulu est analogue à l'Orge perlé : les grains sont entiers et débarrassés seulement de leur écorce : ils ont l'aspect et le poli de l'ivoire. Lorsqu'on les fait bouillir dans l'eau, ils se désagrégent peu à peu, et on peut filtrer la liqueur : la partie pâteuse qui reste sur le filtre prend, en se desséchant, l'aspect et la transparence de la colle forte. La liqueur évaporée à sec laisse un résidu qui donne 0,007 de cendres phosphatées.

Après le traitement par l'eau bouillante, les grains laissent chacun une sorte de dépouille ou peau excessivement mince qui ne peut se désagréger.

Par calcination en vase clos, les grains de gruau donnent 0,164 de charbon métalloïde non ramolli, et par combustion ils laissent 0,015 de cendres à l'état scoriforme, composées de :

Phosphate de potasse........	0,500	0,0075
Phosphate de chaux.........	0,154	0,0023
Phosphate de magnésie......	0,333	0,0050
Silice,...................	0,013	0,0002
	1,000	0,0150

La silice provient évidemment de la petite quantité d'écorce qui reste dans le sillon des grains. Les cendres ne cèdent à l'eau, même bouillante, qu'une très-petite quantité de phosphate alcalin.

L'Avoine présente un exemple des plus saillants de la manière dont les substances minérales se partagent entre les différents organes des plantes et même entre les différentes parties de ces organes ; car on voit ici, dans l'épi, l'écorce des grains et les balles qui l'accompagnent ne contenir presque que de la silice, tandis que la masse farineuse de ces grains n'en renferme pas trace et ne contient que des phosphates.

La chaux à l'état de carbonate n'existe dans aucune partie de l'Avoine, et cependant c'est la substance minérale qui domine dans l'eau dont le sol est imprégné, ce qui est démontré d'ailleurs surabondamment par la grande proportion qu'en renferment diverses plantes qui croissent dans le même sol. On se demande, d'après cela, de quelle manière les substances minérales sont introduites dans les plantes en général, et dans l'Avoine en particulier. Si c'est par l'eau qui imprègne la terre végétale et qui monte dans les plantes par capillarité, que devient la chaux ? Il faut alors qu'elle soit, plus tard, expulsée par une cause quelconque ; il devrait donc y avoir excrétion, et la plupart des agronomes repoussent cette supposition. Si l'eau ne monte pas dans les plantes telle qu'elle se trouve dans le sol et chargée de toutes les subtances minérales qu'elle peut dissoudre, il faut donc que les racines aient la faculté de choisir celles-ci dans cette dissolution ou de les prendre même directement dans l'engrais qui les enveloppe, et cela ne paraît pas conforme aux idées qui sont généralement admises. Il y a donc ici une importante question de physiologie à résoudre.

D'une manière ou d'une autre, les plantes effectuent une véritable analyse du sol dans lequel elles croissent, et en retirent, quelquefois même en proportion considérable, des substances, telles que la magnésie, etc., dont il serait souvent très-difficile de constater la présence.

5° Riz. — Grains décortiqués. — Grains bruts.

Riz de la Caroline. — Ce Riz est le meilleur de ceux qui se trouvent dans le commerce de Paris. Il était décortiqué et tout prêt pour la consommation, ainsi que le suivant.

Mis à digérer dans l'eau froide, il n'en absorbe que 0,17. Il se brûle très-facilement en s'agglomérant, et laisse seulement 0,0035 de cendres, composées de :

Phosphate de potasse........	0,570	0,0020
Phosphate de chaux.........	0,230	0,0008
Phosphate de magnésie......	0,200	0,0007
	1,000	0,0035

Riz des Indes. — Plus blanc que le précédent, mais moins estimé, parce que les grains sont cassés et qu'ils se gonflent

moins dans la cuisson. Il donne 0,0050 de cendres, composées de :

Phosphate de potasse........	0,650	0,00325
Phosphate de chaux.........	0,150	0,00075
Phosphate de magnésie......	0,200	0,00100
	1,000	0,00500

Riz de la Camargue (Bouches-du-Rhône). — Des essais
que l'on a faits dans la Camargue pour y introduire la culture du Riz n'ont pas réussi jusqu'à présent. La plante
végète bien ; mais sa maturation s'opère mal, et une grande
partie des grains restent vides. L'échantillon qui m'avait
été envoyé par M. de Gasparin renfermait beaucoup de ces
grains vides. De plus, ils étaient mélangés d'une assez forte
proportion d'argile, que l'écorce rugueuse retient assez fortement. Pour avoir des grains purs, on les a froissés entre les
mains dans de l'eau froide, jusqu'à ce que celle-ci sortît limpide, et on n'a recueilli que ceux qui tombaient au fond du
vase. Les grains ainsi purifiés, et après avoir été desséchés à
l'air, ont donné 0,029 de cendres, composées de :

Phosphate de potasse........	0,241	0,0070
Phosphate de chaux.........	0,241	0,0070
Phosphate de magnésie......	0,241	0,0070
Silice...................	0,277	0,0080
	1,000	0,0290

On voit quelle grande différence il y a entre ces cendres
et celles du Riz décortiqué ; il faut que l'écorce renferme une
grande quantité de substances minérales, ou bien qu'un
grand nombre de grains n'aient été remplis qu'en partie.

6° *Maïs de Nemours. — Gros grains. — Maïs à bec. —
Tiges. — Feuilles.*

Gros Maïs. — Quoique récolté tard, ce Maïs était parfaitement
mûr, et les grains étaient beaux et très-nets. On les a laissés
sécher sur les épis pendant plus de quatre mois. Calcinés dans
un creuset couvert, ils se sont ramollis, gonflés, agglutinés les
uns avec les autres en se déformant tout à fait, et ils ont laissé
0,16 de charbon métalloïde très-difficile à brûler, même

après avoir été porphyrisé. Après sa combustion complète, il est resté 0,017 de cendres, composées de :

Sulfate et chlorure alcalins...	0,020	0,470	0,0003
Phosphate de potasse.......	0,150		0,0078
Phosp. de magn. peu ferreux.	0,280		0,0047
Phosphate de chaux.........	0,250	0,530	0,00420
Phosphate de manganèse....	Trace.		Trace.
	1,000		0,0170

L'eau n'enlève à cette cendre que le sulfate et le chlorure alcalin, sans trace de phosphate.

Maïs à bec. — *Tiges.* — *Feuilles.* — *Grains.* — Ce Maïs est demi-précoce et réussit très-bien à Nemours ; les épis ne sont pas gros, mais longs et bien garnis ; les grains, plutôt petits que gros, portent à leur extrémité une pointe courte en forme de bec, à laquelle ils doivent leur nom.

Tiges. — Les tiges que l'on a examinées avaient été coupées en septembre ; on en avait séparé avec soin les épis et les racines en laissant les feuilles, et on les avait conservées dans une chambre fermée jusqu'en février, époque à laquelle on les a brûlées. La combustion en a été difficile, parce que la partie inférieure était encore un peu verte, et parce que les cendres se ramollissaient très-aisément. Il a fallu laver celles-ci et griller le résidu à plusieurs reprises pour séparer la totalité du charbon. On a eu, en définitive, 0,041 de cendres, qui ont été trouvées composées de :

Sulfate de potasse........	0,0393	0,3201	0,0016
Chlorure de potassium.....	0,0351		0,0014
Alcali et carbonates alcalins.	0,2457		0,0101
Phosphate de chaux.......	0,0804		0,0033
Phosphate de fer..........	0,0636	0,6799	0,0026
Carbonate de chaux.......	0,1454		0,0060
Silice...................	0,3905		0,0160
	1,0000		0,0410

La plus grande partie de l'alcali mêlé aux carbonates se trouve dans les cendres en combinaison avec la silice.

Feuilles. — Les feuilles avaient été choisies parmi celles qui enveloppent les épis, et mises à sécher dans une cham-

bre pendant plus d'un an. Elles ont donné 0,033 de cendres,
qui ont été trouvées composées de :

Sulfate de potasse............	0,049		0,0016
Chlorure de potassium........	0,035	0,340	0,0011
Alcali et carbonates alcalins..	0,256		0,0084
Phosphate de chaux...........	0,220		0,0073
Carbonate de chaux...........	0,110	0,660	0,0037
Silice.......................	0,330		0,0109
	1,000		0,0330

La silice s'y trouve en combinaison avec l'alcali ; lorsqu'on
les traite par l'eau, le huitième de la silice se dissout avec les
sels alcalins, et le résidu retient plus du tiers de l'alcali en
combinaison avec la silice.

Grains. — Les grains ont laissé, par calcination, 0,160 de
charbon, et par combustion 0,015 de cendres, qui contenaient :

Sulfate de potasse..........	0,020	0,435	0,0003
Phosphate de potasse........	0,415		0,0082
Phosphate de magnésie un peu			0,0057
ferreux....................	0,380	0,565	
Phosp. de chaux manganésé..	0,185		0,0028
	1,000		0,0150

L'eau ne leur enlève que le sulfate alcalin sans trace de
chlorure.

7° *Millet à épis récolté à Nemours. — Tiges. — Grains. —*
Téguments ou écorce.

Tiges. — On avait enlevé tous les épis et les racines des
tiges, mais en laissant les feuilles. Après six mois de coupe,
elles ont donné 0,0765 de cendres, composées de :

Sulfate de potasse..........	0,040		0,0031
Chlorure de potassium......	0,011		0,0008
Phosphate de potasse.......	0,020	0,403	0,0015
Carbonates alcalins.........	0,294		0,0226
Alcali combiné à la silice....	0,038		0,0029
Phosphate de chaux.........	0,074		0,0056
Phosphate de fer...........	0,009		0,0007
Silice......................	0,432	0,597	0,0329
Carbonate de chaux........	0,082		0,0064
	1,000		0,0765

Ces tiges sont très-riches en sels alcalins, puisqu'elles en contiennent près de 0,030 de leur poids.

Grains. — Ces grains avaient été parfaitement nettoyés par le vannage. Par calcination, ils se sont un peu gonflés en se soudant sensiblement les uns aux autres, et ils ont donné 0,210 de charbon métalloïde très-difficile à brûler. Par combustion, ils ont laissé 0,030 de cendres blanches, composées de :

Phosphate de potasse........	0,272	} 0,366	0,0081
Alcali combiné à la silice....	0,094		0,0028
Phosphate de chaux.........	0,182		0,0055
Phosph. de magnésie ferreux.	0,033	} 0,634	0,0010
Phosphate de manganèse....	0,053		0,0016
Silice.....................	0,366		0,0110
	1,000		0,0300

La composition de ces cendres est tout à fait spéciale et remarquable par la grande proportion de phosphate de manganèse qu'elle indique. Des grains provenant d'une autre localité ont donné une proportion beaucoup plus forte de phosphates de chaux et de magnésie.

Téguments ou écorce. — En broyant pendant longtemps les grains de Millet de Nemours dans de l'eau froide, et délayant les liqueurs devenues laiteuses, parce qu'elles tiennent la farine en suspension, on peut en séparer 0,12 de téguments ou écorces à peu près purs. Ces écorces sont minces, transparentes, et ne changent pas de couleur. Elles brûlent très-facilement et laissent 0,067 de leur poids de cendres blanches et qui conservent la forme des écorces. Ces cendres ne consistent, d'ailleurs, qu'en silice parfaitement pure, et elles se dissolvent en totalité dans la potasse. Ces 0,067 de silice équivalent à 0,008 du poids des grains, tandis que l'analyse en donne 0,011 ; mais, comme il se perd toujours une petite quantité d'écorce dans l'acte de la lévigation, il est très-probable que la silice que donne l'analyse des grains provient uniquement de cette écorce.

**8° *Moha ou Millet de Hongrie récolté à Nemours. —
Tiges. — Grains.***

Tiges. — Récoltées en septembre, on en a détaché avec
soin tous les épis et toutes les racines, mais non les feuilles,
et on les a laissées sécher dans une chambre fermée jusqu'au
mois de juin. Brûlées alors, elles ont laissé 0,060 de cendres, composées de :

Sulfate de potasse............	0,030		0,0018
Chlorure de potassium.......	0,020		0,0012
Phosphate de potasse........	0,099	0,406	0,0060
Alcali et carbonates alcalins..	0,257		0,0154
Phosphate de chaux..........	0,072		0,0043
Phosphate de magnésie.......	0,010		0,0006
Phosphate de fer.............	0,005	0,594	0,0003
Carbonate de chaux..........	0,062		0,0037
Silice........................	0,445		0,0267
	1,000		0,0600

Grains. — Par calcination, ils donnent 0,164 de charbon métalloïde très-difficile à brûler, et ils laissent 0,028 de
cendres, composées de :

Phosphate de potasse........	0,442	0,442	0,0124
Phosphate de chaux très-man- ganèsé....................	0,221		0,0062
Phosp. de magn. peu ferreux.	0,157	0,558	0,0044
Silice.......................	0,180		0,0050
	1,000		0,0280

L'eau ne leur enlève presque rien.

IV. — PLANTES LÉGUMINÉUSES.

**1° *Haricots blancs de Soissons récoltés à Nemours. —
Cosses. — Grains.***

Ces Haricots étaient de l'espèce naine, mais très-beaux ;
on les a conservés dans leurs cosses pendant tout l'hiver.

Cosses. — Les cosses, brûlées séparément, ont laissé 0,0675 de cendres, composées de :

Sulfate de potasse	0,031		0,0021
Chlorure de potassium	0,018	0,615	0,0012
Carbonates alcalins	0,566		0,0382
Phosphate de chaux	0,077		0,0057
Phosph. de magnésie ferreux	0,009		0,0006
Carbonate de chaux	0,260	0,385	0,0171
Silice	0,039		0,0028
	1,000		0,0675

Grains. — Les grains entiers donnent, par calcination, 0,175 de charbon, et par combustion 0,033 de cendres blanches, composées de :

Chlorure de potassium	0,031		0,0010
Phosphate de potasse	0,427	0,773	0,0141
Carbonates alcalins	0,315		0,0104
Phosph. de chaux manganèsé	0,084		0,0028
Phosph. de magnésie ferreux	0,143	0,227	0,0047
	1,000		0,0330

2° *Haricots blancs flageolets récoltés à Nemours.*
— *Cosses*. — *Grains*.

Cosses. — Les cosses bien sèches ont laissé 0,056 de cendres blanches, composées de :

Sulfate de potasse	0,034		0,0019
Chlorure de potassium	0,036	0,368	0,0020
Carbonates alcalins	0,298		0,0166
Phosphate de chaux	0,080		0,0044
Phosphate de fer un peu manganèsé	0,010		0,0006
Carbonate de chaux	0,400	0,632	0,0270
Silice	0,062		0,0035
	1,000		0,0560

Ces cendres sont beaucoup moins alcalines que celles des Haricots de Soissons. On y a recherché la soude, mais il n'y en avait qu'une très-petite quantité.

Grains. — Les Haricots avaient été conservés dans leurs cosses pendant tout l'hiver; ils étaient très-secs et ont laissé par calcination, 0,18 de charbon, et par combustion 0,031 de cendres, composées de :

Chlorure de potassium......	0,034		0,00106
Phosphate de potasse........	0,768	0,814	0,02386
Carbonates alcalins..........	0,012		0,00038
Phosphate de chaux.........	0,097		0,00300
Phosphate de magnésie un peu ferreux....................	0,064	0,186	8,00200
Carbonate de chaux.........	0,025		0,00076
	1,000		0,03100

Comme ces cendres paraissent contenir une petite quantité d'oxyde de fer libre, il est probable que dans le cours de l'analyse cet oxyde a donné naissance au phosphate de fer et par suite au carbonate de chaux. Quand on les traite par l'eau bouillante, le résidu fait effervescence avec les acides et retient toujours une certaine quantité de phosphate alcalin en combinaison avec les phosphates terreux.

Si l'on compare ces cendres avec celles des Haricots de Soissons, on voit que les unes et les autres renferment une petite quantité de carbonates alcalins, mais les dernières beaucoup plus que les premières, et qu'en outre la proportion des matières alcalines est beaucoup plus grande dans les Haricots flageolets que dans les Haricots de Soissons.

3° *Haricots blancs dits du pays.* — *Grains.* — *Téguments.*

Haricots entiers. — Ces Haricots ont été achetés sur le marché de Paris ; on les dit de très-bonne qualité. Ils sont de grosseur moyenne et d'un beau blanc de lait. Le litre ras pèse 800 grammes. Mis à digérer dans l'eau, ils en absorbent 0,93 en vingt-quatre heures, et n'en prennent pas davantage par un plus long séjour dans ce liquide. Ils laissent, par combustion, 0,0343 de cendres, composées de :

Phosphate de potasse......	0,6260	0,0215
Phosphate de magnésie......	0,2480	0,0085
Phosphate de chaux........	0,0180	0,0006
Carbonate de chaux........	0,1080	0,0037
	1,0000	0,0343

Téguments. — En faisant macérer ces Haricots dans de l'eau pendant vingt-quatre heures, ils se gonflent beaucoup, et on peut alors aisément les *dérober*, comme il est d'usage de le faire pour les Fèves que l'on destine à l'alimentation. L'enveloppe corticale que l'on détache ainsi est qualifiée de *tégument* par les botanistes. Les téguments ainsi enlevés étaient très-minces, incolores, presque transparents, mous et flexibles, et ressemblaient à de la baudruche. En les faisant dessécher à l'air, ils se sont racornis, sont devenus cassants, d'un blanc de lait et opaques; leur poids s'est élevé à 0,065. Les cotylédons restants devaient, par conséquent, peser 0,935 à l'état sec.

Ces téguments ont donné, par calcination, 0,222 de charbon, et par combustion 0,070 de cendres blanches, composées de :

Sulfate de potasse.	0,026		0,00182	
Chlorure de potassium.	0,013	0,110	0,00091	0,00770
Carbonates alcalins.	0,071		0,00497	
Phosphate de chaux.	0,110		0,00770	
Carbonate de chaux.	0,610	0,890	0,04260	0,06230
Carbonate de magnésie.	0,170		0,01200	
	1,000		0,07000	

Cotylédons. — Des cotylédons nus ont brûlé facilement et ont laissé 0,03 de cendres, que l'on a trouvées composées approximativement de :

Phosphate de potasse.	0,830
Phosphate de magnésie.	0,140
Phosphate de chaux.	0,030
	1,000

4° Haricots du Canada récoltés à Nemours. — Tiges. — Cosses. — Graines.

Ces Haricots sont petits, de forme un peu ramassée et d'un jaune peu éclatant, tirant tantôt sur le jaune soufre et tantôt sur le jaune brun. Ils sont d'excellente qualité. On a analysé les cendres provenant des tiges, des cosses et des grains.

Tiges. — On avait enlevé de ces tiges toutes les gousses, presque toutes les feuilles, et l'on en avait détaché toutes les racines au collet. Après avoir été mises à sécher à l'air pendant trois mois, elles ont donné 0,0744 de cendres blanches, composées de :

Sulfate de potasse	0,0194		0,00144	
Chlorure de potassium	0,0194	0,1940	0,00144	0,01440
Carbonates alcalins	0,1552		0,01152	
Phosphate de chaux manganésé	0,0580		0,00348	
Phosphate de magnésie	0,0217		0,00130	
Phosphate de fer	0,0145	0,8060	0,00087	0,06000
Carbonate de chaux	0,6538		0,05087	
Silice	0,0580		0,00348	
	1,0000		0,07440	

Cosses. — Ces cosses ont laissé, par combustion, 0,470 de cendres, composées de :

Chlorure de potassium	0,022		0,0010	
Carbonates alcalins	0,531	0,553	0,0250	0,0260
Phosphate de chaux	0,047		0,0022	
Phosphate de magnésie ferreux	0,016	0,447	0,0007	0,0210
Carbonate de chaux	0,340		0,0160	
Silice	0,044		0,0021	
	1,000		0,0470	

Cette cendre est remarquable par la forte proportion de carbonates alcalins qu'elle contient.

Grains. — Ces grains ont laissé, par calcination, 0,133 de charbon, et par combustion 0,030 de cendres blanches, qui sont tombées promptement en déliquescence à l'air, et qui étaient composées de :

Chlorure de potassium	0,013	0,000
Phosphate de potasse	0,757	0,0227
Phosphate de magnésie	0,015	0,0045
Phosphate de chaux	0,080	0,0024
	1,000	0,0300

Lorsque l'on traite ces cendres par l'eau bouillante, elles laissent dissoudre les deux tiers de leur poids de sels alcalins, mais le résidu, qui se compose de phosphates de magnésie et de chaux, en retient une certaine quantité.

5° *Haricots noirs des Algarves (Portugal) dits de Belgique.*
— Cosses. — Grains.

Ces Haricots sont petits et tout à fait noirs. Ils cuisent difficilement; aussi on ne les cultive que pour les consommer en Haricots verts : ils ont le mérite d'être hâtifs et de produire beaucoup. Ceux qui ont été l'objet de ces expériences avaient été récoltés à Nemours.

Cosses. — Les cosses bien sèches se sont brûlées avec quelque difficulté, parce que les cendres avaient une grande tendance à s'agglomérer. Elles ont pesé 0,0573 et ont été trouvées composées de :

Sulfate de potasse	0,0160		0,0009
Chlorure de potassium	0,0224	0,5600	0,0013
Carbonates alcalins	0,5216		0,0293
Phosphate de chaux	0,1300		0,0080
Carbonate de chaux	0,2680	0,4400	0,0154
Silice	0,0420		0,0024
	1,0000		0,0573

Ces cendres renferment une proportion très-forte de sels alcalins.

Grains. — Ces grains donnent par calcination 0,175 de charbon, et par combustion 0,031 de cendres blanches. Ces cendres sont très-déliquescentes; mais, pour en séparer la totalité des sels alcalins par l'eau, il faut les faire bouillir pendant longtemps avec une grande quantité de ce liquide, décanter et renouveler ces opérations à diverses reprises. L'analyse a donné :

Chlorure de potassium	0,039	0,771	0,0012
Phosphate de potasse	0,732		0,0227
Phosphate de chaux	0,182		0,0056
Phosphate de magnésie	0,032	0,229	0,0010
Phosphate de fer	0,015		0,0005
	1,000		0,0310

Expériences sur ces Haricots. — 100 grammes de ces Haricots ont été tenus en ébullition dans l'eau pendant plusieurs jours, puis on a décanté la liqueur *dite bouillon*, et on a lavé par décantation. Les Haricots étaient parfaitement cuits, très-gonflés, et leur écorce était devenue d'un rouge peu foncé. Calcinés alors en vases clos, ils n'ont donné que 14^g,4 de charbon, tandis qu'avant la cuisson ils en auraient produit 17^g,5, et ce charbon n'a laissé, par combustion, que 1^g,30 de cendres, tandis que les Haricots intacts en auraient donné 3^g,10. Ces cendres se composaient de :

Phosphate de potasse................	0^g,70
Phosphate de chaux et de magnésie.....	0^g,60

} 1^g,3

Le bouillon était trouble ; on l'a évaporé à siccité, et il a laissé une masse d'un brun très-foncé presque noir, qui s'est détachée en croûtes de la capsule. Ayant été brûlée, elle a donné 2^g,20 de cendres, qui se composaient essentiellement de phosphate de potasse, mais qui contenaient aussi une quantité très-notable de phosphates de chaux et de magnésie. Ainsi, en définitive, dans cette expérience, les 100 grammes de Haricots ont donné

Pour les Haricots cuits et lavés. . . .	1^g,30 de cendres.
Pour le bouillon.	2^g,20
Total.	3^g,50

Le bouillon a donc enlevé aux Haricots environ les deux tiers des substances minérales qu'ils contenaient.

6° *Haricots rouges de Chartres.* — *Téguments.* — *Cotylédons.* — *Eau de digestion.*

Ces Haricots ont été achetés sur le marché de Paris ; ce sont les plus employés dans l'alimentation comme *Haricots rouges*. Ils sont d'un rouge violacé très-vif. Le litre ras pèse 780 grammes.

1,000 grammes ayant été mis en digestion dans de l'eau froide en ont absorbé 900 grammes ; on a pu alors *aisément enlever* les téguments, et on a profité de cette circonstance pour rechercher séparément les substances minérales contenues 1° dans ceux-ci, 2° dans les cotylédons mis à nu, 3° et dans l'eau de digestion.

1° *Téguments.* — Les téguments humides ont pesé 194 gr., et par dessiccation ils se sont réduits à 67 grammes. Dans cet état, ils ont donné, par calcination, 0,233 de charbon, et par combustion 0,067 de cendres blanches, qui ont été trouvées composées de :

Sulfate de potasse	0,631		0,0020
Chlorure de potassium	0,013	0,111	0,0009
Carbonates alcalins	0,067		0,0046
Phosphate de chaux	0,120	0,889	0,0080
Carbonate de chaux	0,769		0,0515
	1,000		0,0670

L'eau bouillante, l'ammoniaque et l'acide muriatique ne décolorent pas complétement les téguments et ne leur enlèvent que très-peu de chose.

2° *Cotylédons nus.* — Les cotylédons nus ont donné 28 grammes de cendres, qui contenaient :

Sulfate et chlorure alcalins	Trace.		Trace.
Phosphate de potasse	0,700	0,700	0,0196
Phosphate de magnésie	0,200		0,0056
Phosphate de chaux	0,090	0,300	0,0025
Phosphate de fer, environ	0,010		0,0003
	1,000		0,0280

Lorsqu'on traite ces cendres par l'eau, il ne se dissout qu'une très-petite quantité de phosphates terreux, et au contraire ceux-ci retiennent une forte proportion de phosphate alcalin.

3° *Eau de digestion.* — Cette eau était d'un rouge de groseilles. Évaporée à siccité, elle a laissé un résidu d'un brun rouge qui s'est détaché de la capsule sous forme de croûtes cassantes et qui pesait 4ᵍ,50. Cette matière s'est brûlée très-facilement et avec flamme, et elle a donné 1ᵍ,60 de cendres, qui se composaient principalement de carbonates alcalins mêlés d'un peu de sulfate et de chlorure, et qui contenaient, en outre, environ un tiers de leur poids de carbonates et de phosphates de chaux et de magnésie.

7° *Haricots verts de Paris.*

Ces Haricots avaient été achetés sur le marché de Paris. Ils étaient très-frais cueillis, et les grains qu'ils devaient contenir plus tard ne faisaient qu'apparaître. Cassés en petits morceaux et exposés au soleil dans une chambre très-sèche, ils ont perdu 0,400 de leur poids en vingt-quatre heures, 0,670 en deux jours, 0,826 en trois jours, 0,876 en quatre jours, et enfin 0,900 en six jours; ainsi ils étaient réduits à 0,100 : leur volume était alors extrêmement diminué, et on pouvait les casser très-facilement. Dans cet état ils ont laissé, par calcination, 0,160 de charbon, ce qui revient à 0,126 pour les Haricots frais, et ils ont donné, par combustion, 0,055 de cendres blanches, ce qui revient à 0,0055 pour les Haricots frais. Ces cendres ont été trouvées composées de :

Sulfate de potasse	0,430		0,00715
Chlorure de potassium	0,065		0,00357
Phosphate de potasse	0,054	0,509	0,00298
Carbonates alcalins	0,260		0,01430
Phosphate de chaux	0,280		0,01540
Carbonate de magnésie	0,160	0,491	0,00880
Silice	0,051		0,00280
	1,000		0,05500

On voit que ces gousses sont déjà chargées des sels alcalins qui doivent s'accumuler plus tard dans les grains.

8° *Pois verts normands. — Grains.*

Comme ces Pois sont destinés à être mangés en purée, on les récolte avant leur maturité complète. L'échantillon examiné a été acheté sur le marché de Paris. Le litre pesait 800 grammes. Ces Pois peuvent absorber jusqu'à 0,88 d'eau en se gonflant beaucoup. Par calcination en vase clos, ils laissent 0,165 de charbon, sans changer de forme ni de volume. Ils décrépitent fortement en brûlant, et produisent 0,027 de cendres blanches composées de

Chlorure de potassium......	0,037	} 0,704	0,0010
Phosphate de potasse.......	0,667		0,0180
Phosphate de chaux.........	0,222		0,0060
Phosphate de magnésie......	0,066	} 0,296	0,0018
Silice...................	0,008		0,0002
	1,000		0,0270

Lorsqu'on fait digérer cette cendre dans l'eau chaude, en filtrant la liqueur passe louche ; mais elle s'éclaircit à peu près complétement par le repos, en laissant déposer des phosphates terreux, et elle retient en dissolution le chlorure avec une certaine quantité de phosphate alcalin.

9° *Pois prince Albert de Nemours. — Tiges. — Cosses.*

Ces Pois ont été nouvellement obtenus en Angleterre. Ce sont les plus hâtifs que l'on connaisse, et ils sont en même temps d'excellente qualité.

Tiges. — Ces tiges avaient été arrachées au mois de mai et mises à sécher au soleil jusqu'en juillet, après en avoir enlevé toutes les gousses, mais en leur laissant, au contraire, toutes leurs feuilles. Dans cet état, elles ont donné 0,087 de cendres blanches, composées de :

Sulfate de potasse	0,031		0,0028
Chlorure de potassium.....	0,009	} 0,180	0,0008
Carbonates alcalins	0,140		0,0120
Phosphate de chaux........	0,115		0,0100
Carbonate de chaux........	0,635	} 0,820	0,0552
Carbonate de magnésie......	0,039		0,0034
Silice...................	0,031		0,0028
	1,000		0,0870

Cosses. — Ayant été brûlées très-sèches, elles ont laissé 0,050 de cendres blanches, composées de :

Sulfate de potasse	0,012	}	0,0007
Chlorure de potassium	0,008	} 0,260	0,0005
Carbonates alcalins	0,240	}	0,0119
Phosphate de chaux très-manganèsé	0,055		0,0028
Phosphate de magnésie très-ferreux	0,055	} 0,740	0,0028
Carbonate de chaux	0,597		0,0297
Silice	0,033	}	0,0016
	1,000		0,0500

Ces cendres ont la plus grande analogie, par leur composition, avec celles des cosses de Haricots de diverses couleurs, ainsi qu'avec celles des cosses de Fèves.

10° *Pois chiches récoltés à Nemours.* — *Cosses.* — *Grains.*

Cosses. — Les cosses de Pois chiches laissent, par combustion, 0,055 de cendres, composées de :

Sulfate de potasse	0,093	}	0,0050
Chlorure de potassium	0,009	} 0,373	0,0005
Carbonates alcalins	0,271	}	0,0149
Phosphate de chaux	0,099		0,0054
Phosphate de magnésie	0,014	} 0,627	0,0008
Carbonate de chaux	0,500		0,0008
Silice	0,014	}	0,0276
	1,000		0,0550

Ces cendres ont la plus grande analogie avec celles des cosses de Haricots.

Grains. — Par calcination, ces grains donnent 0,170 de charbon sans s'agglomérer ni se déformer, et par combustion ils laissent 0,032 de cendres, composées de :

Sulfate de potasse	0,115	}	0,0043
Chlorure de potassium	0,020	} 0,788	0,0001
Phosphate de potasse	0,653	}	0,0208
Phosphate de chaux	0,162		0,0052
Phosphate de magnésie	0,040	} 0,212	0,0013
Phosphate de manganèse	0,010	}	0,0003
	1,000		0,0320

Lorsqu'on traite ces cendres par l'eau bouillante, on n'en

enlève pas la totalité des sels alcalins qu'elles contiennent. La présence d'une proportion notable de manganèse que l'on y remarque est caractéristique.

11° *Fèves de Windsor récoltées à Nemours. — Cosses. — Grains.*

Cosses. — Les Fèves avaient été récoltées à la fin de l'été et conservées dans une chambre sèche jusqu'en novembre. Les cosses brûlées ont laissé 0,0506 de cendres, composées de :

Sulfate de potasse	Trace.		Trace.
Chlorure de potassium	0,034	0,590	0,0017
Carbonates alcalins	0,556		0,0261
Phosphate de chaux	0,060		0,0030
Phosphate de magnésie un peu		0,410	0,0008
ferreux	0,015		0,0190
Carbonate de chaux	0,335		
	1,000		0,0506

A peu près comme les cendres de cosses de Haricots.

On a recherché la soude dans les carbonates alcalins, et l'on a trouvé que les **0,556** de ces carbonates contiennent :

Carbonate de potasse	0,531	0,955	
Carbonate de soude	0,025	0,045	1,000

La proportion de la soude est donc très-faible, et c'est pour cela que l'on n'en a fait la recherche dans les cendres que de temps à autre.

Grains. — Les grains étaient fort gros et bien secs. Par calcination ils ont donné 0,18 de charbon, et par combustion ils ont laissé 0,0315 de cendres blanches, composées de :

Sulfate de potasse	0,026		0,0008
Chlorure de potassium	0,025	0,627	0,0008
Phosphate de potasse	0,576		0,0182
Phosphate de chaux	0,219		0,0068
Phosphate de magnésie	0,154	0,373	0,0049
Silice	Trace.		Trace.
	1,000		0,0315

Le phosphate alcalin se trouve fortement combiné dans ces cendres avec les phosphates terreux, surtout le phosphate de magnésie. Aussi, lorsqu'on les traite par l'eau bouillante, même employée en grande quantité, le résidu terreux retient environ le tiers de son poids de phosphate de potasse, et l'on trouve dans la dissolution le sixième du poids du sel de phosphate de magnésie mêlé d'une petite quantité de phosphate de chaux.

12° *Fèves de marais. — Téguments. — Grains nus.*

Ces Fèves ont été achetées sur le marché de Paris au mois de février. Elles étaient d'une très-belle espèce, et le litre pesait 600 grammes. Mises à tremper dans l'eau, elles se sont beaucoup gonflées et elles en ont absorbé en quarante-huit heures un peu plus que leur poids.

En les concassant grossièrement, on a pu ensuite en séparer les téguments avec assez de facilité ; elles en ont fourni 0,135, et par conséquent les cotylédons pesaient 0,865.

Téguments. — Les téguments ont donné, par calcination, 0,380 de charbon, et par combustion 0,028 de cendres, composées de

Sulfate et chlorure de potassium............	0,066	0,266	0,0018
Carbonates alcalins............	0,200		0,0056
Phosphate de chaux............	0,134	0,734	0,0038
Carbonate de chaux............	0,600		0,0168
	1,000		0,0280

Grains nus. — Les grains nus ou cotylédons ont donné 0,0263 de cendres, qui contenaient :

Phosphate de potasse............	0,739	0,739	0,0193
Phosphate de chaux............	0,173	0,261	0,0045
Phosphate de magnésie	0,088		0,0025
	1,000		0,0263

13° *Lentilles de la grande espèce.*

Ces Lentilles ont été achetées sur le marché de Paris, et elles étaient parfaitement nettes.

Le litre ras a pesé **760** grammes. En les faisant digérer dans l'eau pendant vingt-quatre heures, elles se sont beaucoup gonflées ; leur poids a augmenté de **0,80**, et elles ont pris une légère teinte verdâtre. Mises ensuite à sécher à l'air, elles ont perdu toute l'eau absorbée et **0,02** de leur poids primitif. L'eau qui a servi au mouillage a pris la nuance jaune des Lentilles, et ayant été évaporée à siccité, elle a laissé **0,008** d'une matière brune cassante, qui, par combustion, a donné **0,002** de cendres essentiellement alcalines.

On peut aisément séparer de ces Lentilles **0,160** de téguments d'un gris peu foncé, qui donnent seulement **0,005** de cendres parfaitement blanches, renfermant des phosphates terreux mêlés d'une quantité notable de carbonate de chaux.

Calcinées au creuset de platine, les Lentilles ont diminué de volume, en se rapprochant de la forme sphérique et en s'agglomérant sensiblement entre elles, et elles ont laissé **0,176** de charbon. Elles ont brûlé très-aisément et avec flamme, et elles ont donné, terme moyen, **0,023** de cendres blanches, composées de :

Chlorure de potassium	0,122	0,739	0,0028
Phosphate de potasse	0,617		0,0142
Phosphate de chaux	0,065	0,261	0,0015
Phosphate de magnésie	0,196		0,0045
	1,000		0,0230

Les Lentilles donnent moins de cendres que les Haricots, mais ces cendres ont à peu près la même composition.

V. — Plantes oléagineuses.

1° *Pavot gris de Nemours*. — *Tiges*. — *Coques*. — *Graines*.

Tiges. — Ces Pavots étaient devenus très-beaux. On en a séparé, d'une part, les tiges conservant toutes leurs feuilles, mais en en détachant soigneusement les racines ; en second lieu les coques, après les avoir vidées ; et enfin les graines.

Les tiges se sont brûlées très-facilement et ont laissé **0,125**
de cendres, composées de :

Sulfate de potasse............	0,102		0,0127
Chlorure de potassium........	0,081	0,310	0,0103
Carbonates alcalins.	0,127		0,0167
Phosphate de chaux..........	0,122		0,0149
Phosphates de magnésie et de fer........................	0,016	0,690	0,0021
Carbonate de chaux	0,483		0,0598
Silice......................	0,069		0,0085
	1,000		0,1250

Coques. — Les coques ne se sont brûlées qu'en se pelo-
tonnant, et pour achever leur combustion il a fallu laver et
brûler alternativement à plusieurs reprises. Elles ont laissé
0,1335 de cendres, composées de :

Sulfate de potasse............	0,1886		0,0252
Chlorure de potassium	0,0210	0,5240	0,0028
Carbonates alcalins..........	0,3144		0,0420
Phosphate de chaux	0,1150		0,0151
Phosphate de fer	0,0045		0,0006
Carbonate de chaux........	0,3332	0,1760	0,0444
Silice....................	0,0233		0,0034
	1,0000		0,1335

Graines. — Par calcination en vase clos, ces graines ont
laissé 0,168 de charbon non aggloméré, et ce charbon porphyrisé s'est brûlé très-facilement et a donné 0,061 de cendres blanches, composées de :

Chlorure de potassium......	0,004		0,0002
Phosphate de potasse........	0,164	0,229	0,0100
Carbonates alcalins..........	0,061		0,0038
Phosphate de chaux	0,559		0,0340
Phosphate de magnésie......	0,065		0,0040
Carbonate de chaux........	0,082	0,771	0,0050
Silice......................	0,065		0,0040
	1,000		0,0610

Le phosphate de chaux contenait un peu de phosphate de
manganèse.

En traitant ces cendres par l'eau bouillante, le chlorure et
les carbonates alcalins se dissolvent seuls, et tout le phos-

phate de potasse reste en combinaison avec les phosphates terreux.

2° *Pavot gris de Paris. — Graines.*

Graines de Paris. — On a analysé, comparativement avec les graines de Nemours, des graines de même espèce que l'on a achetées sur le marché de Paris, dont on ignore la localité, mais qui avaient dû être récoltées dans un terrain tout différent. Elles ont donné à peu près le même résultat, comme on va voir.

Par calcination, elles ont produit 0,16 de charbon sans agglomération ni déformation, et ce charbon a laissé 0,06 de cendres blanches, composées de :

Phosphate de potasse	0,177	0,227	0,0106
Carbonates alcalins	0,050		0,0030
Phosphate de chaux	0,557		0,0334
Phosphate de magnésie	0,067		0,0040
Phosphate de fer	Trace.	0,773	Trace.
Carbonate de chaux	0,132		0,0080
Silice	0,017		0,0010
	1,000		0,0600

3° *Moutarde blanche de Nemours. — Graines.*

Par calcination au creuset, ces graines ont laissé 0,16 de charbon métalloïde, sans changer de forme ni de volume, mais en s'agglomérant légèrement. Par combustion, elles ont donné 0,0465 de cendres blanches, composées de :

Sulfate de potasse	0,100	0,363	0,0040
Phosphate de potasse	0,263		0,0128
Phosphate de chaux	0,398	0,637	0,0186
Phosphate de magnésie	0,239		0,0110
	1,000		0,0464

En traitant ces cendres par l'eau, le sulfate alcalin se dissout, ainsi qu'une petite quantité de phosphate et une trace seulement de chlorure.

Mises dans l'eau bouillante, les graines donnent une émulsion légèrement jaunâtre; les téguments s'ouvrent, et les cotylédons restent intacts, ainsi que les germes. Tenues ensuite en ébullition dans une dissolution de potasse, elles se dissolvent, hors les téguments, qui deviennent incolores, excessivement minces et transparents, mais qui perdent leur transparence par la dessiccation et prennent alors l'aspect de coquilles d'œufs.

4° *Sésame d'Égypte. — Graines.*

Cette graine, parfaitement nette, avait été transmise directement d'Égypte à M. de Gasparin.

Mise dans l'eau pendant quelque temps, elle en a absorbé 0,48, et le liquide a pris une couleur feuille morte très-prononcée. Par calcination au creuset, elle a donné 0,10 de charbon seulement, en diminuant considérablement de volume; ce charbon était métalloïde à l'extérieur; mais les grains, caverneux, étaient d'un noir mat à l'intérieur. La graine est très-combustible; elle brûle avec flamme et fumée, et elle laisse 0,035 de cendre blanche, composée de :

Sels alcalins.	0,070	0,070	0,0025
Phosphate de chaux	0,514		0,0180
Carb. de magnésie ferreux	0,400	0,930	0,0140
Silice	0,016		0,0005
	1,000		0,0350

Il se pourrait qu'une partie de la magnésie fût à l'état de phosphate, et cela est même assez vraisemblable; alors une petite partie de la chaux serait à l'état de carbonate. Les sels alcalins, qui ne sont qu'en très-faible proportion, se composent de carbonate mêlé d'un peu de chlorure et de sulfate, mais sans phosphate, et l'on a pu facilement les séparer en totalité des sels terreux au moyen de l'eau bouillante.

5° *Chènevis. — Graines.*

Ce Chènevis a été acheté sur le marché de Paris. Le litre pesait 500 grammes. En le tenant dans l'eau pendant vingt-quatre heures, son poids augmente de 0,38 à 0,40 ; il se gonfle sensiblement et il prend une couleur grise plus foncée. Par calcination en vase clos, il donne 0,17 à 0,18 de charbon ; les grains diminuent très-sensiblement de volume, mais sans changer de forme, sans se ramollir et sans s'agglomérer aucunement entre eux. Ils se brûlent facilement et laissent 0,053 de cendres supposées pures ; ces cendres sont souvent mélangées de sable fin qui provient, sans doute, de la terre dans laquelle on a enfoui le Chanvre pour le faire mûrir.

Chlorure de potassium.....	Trace.	Trace.
Phosphate de potasse......	0,4340	0,0230
Phosph. de magnés. ferreux.	0,4716	0,0250
Phosphate de chaux........	0,0944	0,0050
	1,0000	0,0530

Quand on traite ces cendres par l'eau chaude, il se dissout du phosphate de potasse, mais seulement en petite quantité.

6° *Tourteaux de Chènevis de Nemours.*

Ces tourteaux avaient la couleur de la graine dont ils provenaient ; on les réduisait facilement en poudre. Plongés dans l'eau, au bout de vingt-quatre heures, leur poids s'est trouvé augmenté de 0,350. Par calcination en vase clos, ils ont donné 0,210 de charbon scoriforme, friable et peu métalloïde. Quand on chauffe ces tourteaux dans un têt, ils produisent promptement de la flamme sans se fondre, sans s'agglomérer et sans diminuer notablement de volume ; ils continuent ensuite à brûler lentement, et vers la fin le résidu s'agglomère et prend la forme d'une scorie. La cendre pèse 0,085 ; mais, comme elle contient environ le quart de son poids de sable, d'argile et de charbon, la proportion de la cendre pure n'est que de 0,063. Celle-ci a été trouvée, composée de :

Phosphate de potasse.......	0,480	0,0302
Phosph. de magnésie ferreux.	0,383	0,0260
Phosphate de chaux........	0,137	0,0068
	1,000	0,0630

D'après cela, le Chènevis de Nemours doit contenir notablement plus de phosphate de chaux que celui des environs de Paris.

7° *Lin de Nemours. — Tiges. — Graines.*

Tiges. — Ce Lin provenait de graines de Riga. Arraché au mois de juin, on l'a laissé sécher à l'air jusqu'au mois d'août, et alors on en a détaché les graines qui étaient toutes mûres. Les tiges, ainsi préparées et conservant leurs racines, ont été complétement et très-facilement brûlées, et ont laissé **0,041** de cendres d'un gris pâle, composées de :

Sulfate de potasse............	0,0668		0,0027
Chlorure de potassium.....	0,0164	0,4100	0,0007
Carbonate de potasse......	0,3268		0,0130
Carbonate de chaux........	0,3304		0,0140
Carbonate de magnésie.....	0,0354	0,5000	0,0015
Phosphate de chaux........	0,2006		0,0082
Silice........................	0,0236		0,0009
	1,0000		0,0410

Lin roui. — Lorsqu'on fait rourir le Lin dans l'eau pour l'usage, il perd la totalité des substances minérales qu'il renfermait dans l'état brut, et, si par la combustion il laisse une petite quantité de cendres, cette cendre ne se compose que d'un mélange d'argile et de carbonate de chaux apportés par l'eau.

Graines. — Quand on fait digérer les graines de Lin dans l'eau froide, elles se gonflent, et il se dissout une certaine quantité de matières organiques, mais la liqueur reste très-fluide et presque limpide. Lorsque ensuite on fait bouillir ces graines dans l'eau, il se dissout une grande proportion de matières, et la liqueur devient glaireuse et visqueuse. Outre les substances organiques végétales, elle contient presque tout le phosphate alcalin. Si on écrase ensuite les graines, l'écorce s'en sépare, et les cotylédons ne paraissent pas être altérés. Si l'on traite la graine par de l'acide muriatique, elle brunit, et en faisant bouillir, la liqueur, semblable à celle que donne l'eau pure, tient en dissolution la totalité des substances minérales.

Par calcination au creuset de platine couvert, les graines de Lin laissent dégager des vapeurs abondantes qui brûlent avec flamme et fumée, et il reste un charbon métalloïde qui conserve la forme et le volume des graines, et qui pèse 0,16. Ce charbon brûle facilement et donne 0,037 de cendres blanches, composées de :

Phosphate de potasse.	0,513	0,0190
Phosphate de magnésie.	0,295	0,0109
Phosphate de chaux	0,192	0,0071
	1,000	0,0370

Les phosphates sont très-fortement combinés entre eux dans ces cendres, et l'eau ne leur enlève que 0,06 de sels alcalins.

8° *Noix sèches.* — *Coquilles.* — *Amandes.* — *Échalles.*

Ces noix avaient été achetées sur le marché de Paris. Elles étaient belles sans avoir rien d'extraordinaire, et elles pesaient 8ᵍ,5 à 9ᵍ,5 l'une. Mises dans l'eau, elles surnageaient d'abord, puis elles s'enfonçaient de plus en plus, mais sans se submerger entièrement. Au bout de trois jours, leur poids avait augmenté de 0,50. Elles contenaient alors dans leur intérieur une certaine quantité d'eau libre ; mais la plus grande partie avait pénétré dans les pores des coquilles et de l'amande.

On a examiné séparément ces deux parties de la noix. Leurs poids sont entre eux :: 4 : 3, terme moyen.

Coquilles. — Mises dans l'eau après avoir été concassées, elles ont d'abord surnagé ; mais, au bout de vingt-quatre heures, elles sont tombées au fond du vase, et leur poids s'est trouvé augmenté de 0,40. Par calcination, elles ont donné 0,185 de charbon, et par combustion elles ont laissé 0,010 de cendre, contenant approximativement :

Carbonates alcalins et trace de chlorures............................	0,350	0,0035
Phosphate de chaux..............	0,150	0,0015
Carbonate de chaux..............	0,400	0,0040
Carbonate de magnésie..........	0,100	0,0010
	1,000	0,0100

Ce résultat suffit pour montrer l'analogie des coquilles avec les bois ordinaires.

Amandes. — Mises dans l'eau, au bout de deux jours, elles nageaient au milieu de ce liquide ; elles s'étaient gonflées, et leur poids avait augmenté de 0,40. L'eau était devenue louche et de couleur feuille morte.

Par calcination, elles ont donné 0,075 de charbon mamelonné. Les morceaux avaient dû se ramollir ; ils avaient changé de forme, mais sans s'agglomérer. Par combustion, on en a obtenu 0,018 de cendres, composées de :

Phosphate de potasse........	0,520	0,00936
Phosphate de magnésie ferreux.....................	0,304	0,00547
Phosphate de chaux.........	0,176	0,00317
	1,000	0,01800

Échalles. — On appelle ainsi l'enveloppe verte et charnue qui renferme la noix. On a découpé 1,000 grammes de ces échalles en petits morceaux et on les a immédiatement brûlés dans un têt en terre, ce qui s'est opéré sans difficulté ; seulement il a fallu modérer la chaleur vers la fin, parce que la matière se ramollissait facilement et adhérait au têt. On a obtenu 8 grammes de cendres pures légèrement blondes, qui contenaient :

Sulfate de potasse...........	0,0544		0,000435
Chlorure de potassium.......	0,0544	0,7250	0,000435
Carbonates alcalins..........	0,6162		0,004930
Phosphate de chaux..........	0,0450		0,000360
Phosphate de fer............	0,0150		0,000120
Carbonate de chaux..........	0,1450	0,2750	0,001160
Carbonate de magnésie......	0,0250		0,000200
Silice.....................	0,0450		0,000360
	1,0000		0,008000

Cette cendre est très-remarquable par l'énorme proportion de sels alcalins qu'elle renferme (près des trois quarts de son poids).

Après dix jours d'exposition à l'air sec et au soleil, les 1,000 grammes d'échalles avaient perdu 890 grammes d'eau et étaient devenus d'un brun chocolat et cassants, en se racornissant beaucoup. Dans cet état, les 110 grammes restants devaient contenir les 8 grammes de substances minérales que renfermaient les 1,000 grammes d'échalles vertes ; ce qui équivaut aux 0,073 de leur poids, contenant environ 0,053 de sels alcalins, proportion énorme.

9ᵉ *Pain de Noix de Nemours*.

On sait que l'on appelle ainsi le marc des amandes de Noix comprimées pour en extraire l'huile. Celui qui a été examiné avait été obtenu avec des Noix pures sans mélange d'autres graines. Il était d'un brun chocolat. Par calcination, il a donné 0,200 de charbon scoriforme et métalloïde, et par combustion il a laissé 0,044 de cendres, qui ont été trouvées composées de :

Phosphate de potasse........	0,455	0,0200
Phosphate de magnésie.. ...	0,400	0,0176
Phosphate de chaux..........	0,145	0,0064
	1,000	0,0440

Cette composition se rapproche beaucoup de celle des cendres des Noix de Paris.

10ᵉ *Pin de Bordeaux de Nemours. — Bois. — Feuilles vertes.— Feuilles mortes. — Pommes.— Graines.*

Ces Pins provenaient du lieu dit *les Courtins*, à 2 kilomètres de Nemours. Cette localité est très-montueuse et occupée par des grès et des sables qui se changent souvent en terre de bruyère, et qui sont surmontés çà et là par un mince dépôt de calcaire d'eau douce disloqué. On a examiné séparément le bois, les feuilles vertes, les feuilles mortes, les pommes vides et les graines.

Bois. — Ce bois n'avait que quelques années, et les branches n'étaient pas beaucoup plus grosses qu'un manche à balai. Elles avaient été coupées depuis un an, et après les avoir refendues on les a fait sécher de nouveau pendant deux mois dans une chambre fermée. Elles se sont brûlées facilement, mais avec pétillement, ce qui a pu occasionner quelque perte, et elles ont laissé 0,0076 de cendres blanches, composées de :

Sulfate de potasse............	0,0260		0,00020
Chlorure de potassium......	0,0039	0,0720	0,00003
Carbonates alcalins..........	0,0421		0,00032
Phosphate de chaux.........	0,0720		0,00054
Carbonate de chaux.........	0,6874		0,00523
Carbonate de magnésie....	0,0643	0,9280	0,00049
Silice......................	0,0643		0,00049
Phosphate de fer...........	0,0400		0,00030
	1,0000		0,00760

Feuilles vertes. — On a cueilli ces feuilles sur l'arbre et on les a mises à sécher pendant six mois dans une chambre fermée. Elles n'ont pas perdu leur couleur. Elles ont donné 0,0283 de cendres blanches, composées de :

Sulfate de potasse..........	0,0477		0,00117
Chlorure de potassium. ...	0,0052	0,1300	0,00012
Carbonates alcalins........	0,0771		0,00191
Phosphate de chaux........	0,0870		0,00250
Phosphate de fer..........	0,0170		0,00050
Oxyde de manganèse.......	0,0122		0,00030
Carbonate de chaux........	0,6582	0,8700	0,01900
Carbonate de magnésie....	0,0600		0,00200
Silice.....................	0,0260		0,00080
	1,0000		0,02830

Feuilles mortes. — Ces feuilles étaient tombées de l'arbre spontanément, mais depuis peu de temps. On les a recueillies avec soin sur le sol. Elles étaient très-sèches, et elles se sont brûlées avec la plus grande facilité et promptitude ; à cause de cela, il est possible qu'il y ait eu quelque perte.

Quoi qu'il en soit, elles ont donné 0,0228 de cendres, qui contenaient :

Carbonates alcalins mêlés d'un peu de sulfate et de chlorure............	0,627	0,027	0,0006
Phosphate de chaux........	0,059		0,0013
Phosphate de magnésie.....	0,022		0,0005
Phosphate de fer..........	0,016		0,0004
Phosphate de manganèse....	0,011	0,973	0,0002
Carbonate de chaux........	0,849		0,0194
Silice....................	0,016		0,0004
	1,000		0,0228

Pommes vides. — Ces pommes de Pin avaient été passées au four pour pouvoir en enlever facilement toutes les graines. Elles se sont embrasées très-facilement en produisant beaucoup de flamme ; mais, bientôt après, il est resté un charbon qu'on n'a pu achever de brûler qu'en le porphyrisant. Il est resté une cendre très-blanche pesant seulement 0,00229 et qui contenait :

Sulfate de potasse.........	Trace.		Trace.
Chlorure de potassium......	0,016	0,204	0,000036
Carbonates alcalins.........	0,171		0,000396
Phosphate de potasse.......	0,017		0,000038
Phosphate de chaux........	0,183		0,000420
Phosphate de magnésie.....	0,090		0,000200
Carbonate de chaux........	0,218	0,796	0,000500
Silice....................	0,183		0,000420
Potasse combinée..........	0,122		0,000280
	1,000		0,002290

Graines. — Par calcination, ces graines ont laissé 0,20 de charbon non aggloméré et non ramolli, en exhalant beaucoup de fumée et de flamme, mais sans répandre d'odeur bitumineuse. Ce charbon porphyrisé s'est brûlé assez facilement, mais en laissant une cendre légèrement agglomérée, qui a pesé 0,033 et qui était composée de :

Phosphate de potasse..........	0,185	0,0061
Phosphate de magnésie......	0,395	0,0130
Phosphate de chaux.........	0,135	0,0045
Oxyde de manganèse	0,010	0,0003
Silice......................	0,181	0,0060
Alcali combiné.............	0,094	0,0031
	1,000	0,0330

L'eau n'enlève à cette cendre que 0,005 de sels alcalins tout au plus, composés de phosphate mêlé d'une trace de sulfate et de chlorure.

Par ces analyses on voit 1° que le bois contient moins de cendres que de feuilles, mais que ces cendres ont à peu près la même composition, sauf les sels alcalins qui sont en plus grande proportion dans les feuilles vivantes, et au contraire en proportion moindre dans les feuilles mortes ;

2° Que les pommes vidés ne contiennent qu'extrêmement peu de cendres, mais que ces cendres sont plus alcalines et plus siliceuses que celles qui proviennent du bois et des feuilles ;

3° Enfin que les graines donnent encore plus de cendres que les feuilles, mais que ces cendres ont une composition toute différente et analogue à celle des cendres de toutes les graines.

TERRES VÉGÉTALES.

Je grouperai, dans cet article, les analyses que j'ai faites, à différentes époques, d'un certain nombre de terres végétales provenant soit de la vallée du Loing, auprès de Nemours, soit de la plaine de Puiseaux, parce que c'est dans ces terres que j'ai cultivé ou recueilli la plupart des végétaux dont j'ai examiné les cendres (voyez l'article précédent); j'y joindrai l'analyse de quelques autres terres provenant de localités très-diverses, dans la persuasion que l'ensemble de ces analyses pourra, tôt ou tard, avoir quelque utilité pour les agronomes.

La qualité d'une terre végétale dépend en partie de sa composition, mais plus encore des circonstances de sa situation, du climat sous l'influence duquel elle se trouve, et surtout de l'état physique de ses éléments constituants. Un sable quartzeux pur peut être propre à la végétation, si le grain en est très-fin, si le sous-sol est de nature à retenir l'eau, si le climat est humide, etc. La condition essentielle d'une bonne terre végétale paraît être d'avoir la faculté d'absorber beaucoup d'eau. Il est donc très-important, quand on soumet une terre aux expériences du laboratoire, de rechercher la proportion exacte d'eau qu'elle exige pour sa saturation; c'est ce que j'ai fait, du moins pour un certain nombre. Mais en même temps, afin d'avoir des termes de comparaison, j'ai soumis aux mêmes essais 1° un sable quartzeux; 2° un sable semblable réduit en poudre impalpable sous une meule; 3° le kaolin décanté de Limoges, tel qu'on l'emploie à la manufacture de Sèvres; 4° et la craie de Meudon. J'ai mis un poids déterminé de chacune de ces matières sur un filtre, je les ai entièrement imbibées d'eau, et j'ai pris le poids aussitôt qu'elles se sont trouvées complétement égouttées, en mettant dans l'autre plateau de la balance un filtre de même poids et humecté. Enfin, pour vérification, j'ai pris un même poids de chacune des matières imbibées, et je les ai pesées de nouveau, après les avoir fait sécher complétement à l'air. J'ai trouvé :

1° Que le sable quartzeux pur de Nemours, tel qu'on l'emploie dans la verrerie de Bagneaux, absorbe 0,227 d'eau, d'où il suit que le même sable humecté en contient 0,184 ;

2° Que le sable quartzeux d'Aumont, broyé sous des meules pour servir à la couverte de la porcelaine de Sèvres, en absorbe 0,30, d'où il suit que le même sable saturé d'eau en renferme 0,23 ;

3° Que le kaolin de Limoges, décanté, en absorbe 0,46, d'où il suit que, quand il est saturé, il en contient 0,315 ;

4° Et enfin que la craie de Meudon, purifiée et amenée à l'état de *blanc d'Espagne*, en absorbe 0,35, d'où il suit qu'à l'état de saturation elle en contient 0,26.

Ces résultats montrent, ainsi qu'on pouvait le prévoir, que la proportion d'eau absorbée augmente, en général, avec la ténuité des particules composantes.

Il est très-facile de déterminer cette proportion par une expérience directe ; il serait, au contraire, très-difficile d'établir une relation entre cette proportion et la composition des différentes terres, parce qu'il faudrait pouvoir trouver d'abord un moyen prompt et commode d'apprécier la grosseur relative des grains de sable qui sont trop fins pour qu'on puisse les recueillir sur un tamis de soie, et on n'en a pas les moyens.

Il y aurait eu encore à examiner, comme chose importante, la propriété de chacune des terres, de conserver plus ou moins longtemps l'eau qu'elles ont absorbée ou de se dessécher plus ou moins promptement à l'air ; mais les circonstances m'ont rarement permis de faire cette recherche.

Lorsque, après avoir délayé une terre végétale dans l'eau, on laisse le tout en repos pendant quelque temps, il se dépose, au fond du vase, des grains pierreux de grosseurs variées (quartz, silex, carbonate de chaux, etc.), et le liquide retient en suspension de l'argile presque pure. Il importe de doser séparément cette argile et les grains pierreux classés, autant que possible, selon leurs grosseurs. Pour cela, on délaye la terre dans l'eau sur un tamis de crin, qui recueille tous les grains les plus gros, puis on passe dans un tamis de soie, toujours au milieu de l'eau, ce qui a traversé le tamis de crin, et l'on sépare ainsi le sable fin ; mais il en reste ordinairement encore dans l'argile une certaine quantité, qui est d'une très-grande finesse : on l'en extrait, du moins presque en totalité, au moyen d'une lévigation exécutée avec des soins minutieux, c'est-à-dire en mettant l'argile en suspension dans l'eau, décantant la liqueur trouble au bout d'un certain temps, et en traitant de la même manière le dépôt qui se forme, autant de fois que cela paraît nécessaire. Mais, quelque soin que l'on prenne, l'argile retient encore presque toujours en mélange un peu de sable d'une extrême ténuité ; on parvient souvent à en extraire ce sable en la traitant par l'acide muriatique bouillant et la soumettant ensuite à une nouvelle lévigation. Enfin, pour avoir la proportion exacte d'argile pure, on analyse, en la fondant avec des alcalins, l'argile brute que la lévigation enlève à la terre, on dose par ce moyen l'alumine qu'elle contient, et comme l'expérience a fait voir que presque toujours l'argile qui fait partie des matières d'alluvion, telles que les terres végétales, renferme approximativement le tiers de son poids de cette base et les deux tiers de silice, en triplant le poids de l'alumine on a le poids de l'argile pure. En outre, s'il reste, après cela, de la silice en excès, circonstance qui se présente presque toujours, on doit admettre que cette silice se trouvait dans la terre à l'état de sable quartzeux d'une excessive ténuité.

Dans toutes les terres végétales il y a des matières organiques, qui proviennent des débris des plantes qui y croissent, ou des engrais qu'on y ajoute. On n'a pas, en général, un grand intérêt à rechercher la proportion de ces matières, parce que, comme elles s'épuisent continuellement par la culture, on les renouvelle fréquemment, et à des intervalles de temps déterminés, par l'addition des fumiers, etc., et qu'il résulte de là que les terres en contiennent autant ou aussi peu que le veut le cultivateur. Une autre raison encore, qui fait que le dosage des matières organiques ne peut pas avoir une grande utilité, c'est que ces matières agissent sur le développement des végétaux non-seulement en vertu des éléments simples qu'elles renferment, mais encor en vertu de l'état de combinaison dans lequel ils s'y trouver de la solubilité ou de l'insolubilité dans l'eau, les alcalis es acides, etc., de ces combinaisons, et même aussi en v tu de l'état d'a-grégation de celles-ci. A proportions égal s de carbone, d'a-zote, etc., un fumier frais ne produit pas les mêmes effets qu'un fumier qui a été conservé pendant quelques mois, et celui-ci qu'un fumier qu'une fermentation prolongée a transformé en terreau. Tous les praticiens connaissent par-faitement cette distinction; mais c'est un sujet dont on ne s'est pas occupé au point de vue théorique, et qui mérite d'attirer toute l'attention des savants.

Quoi qu'il en soit, dans l'état des choses, si par un motif quelconque on juge convenable de doser les matières orga-niques contenues dans une terre végétale, on procède, en général, comme on le fait pour l'analyse des substances or-ganiques, en transformant celles-ci par la combustion, dans des tubes, en acide carbonique, en eau et en azote. Mais on peut, en outre, obtenir rapidement un résultat très-approxi-matif au moyen de la fusion avec de la litharge. Pour cela, voici comment on procède en général : on traite un certain poids de la terre, 5 ou 10 grammes, par de l'acide muriatique bouillant; on lave on on évapore le tout à siccité; on mêle intimement la matière sèche avec environ quatre fois son poids de litharge; on met ce mélange dans un creuset de terre et on le chauffe jusqu'à fusion. On laisse refroidir le creuset, on le casse, et on enlève, pour le peser, le culot de plomb qui résulte de l'action réductive des matières organiqués sur la litharge. Après cela, on calcule la proportion de ces matières en partant de ces données très-approximatives qu'une partie de plomb équivaut à 0,030 de charbon et à 0,075 des matières organiques les plus communes. On prend la précaution de traiter avec l'acide muriatique, préalablement à la fusion, les terres que l'on veut essayer, parce que l'oxyde de fer, qui s'y trouve presque toujours, brûlerait, en se réduisant, une partie des substances combustibles que l'on veut doser par la quantité de plomb qu'elles séparent de la litharge, ce qui donnerait un résultat erroné, et en outre, parce que, si la terre renfermait une proportion un peu grande de carbonate de chaux, il pourrait arriver que l'acide carbonique produisît, en se dégageant, un bouillonnement qui fît perdre une partie de la matière en la soulevant par-dessus les bords du creuset.

On sait que la potasse ou la soude, et le phosphate de chaux, sont deux éléments indispensables à l'accroissement des végétaux. Des recherches peu anciennes ont appris que ces substances existent en quantités notables, bien qu'en général très-petites, dans les argiles et dans presque toutes les matières pierreuses; c'est donc là une source où les plantes peuvent les puiser : cependant il est, en général, superflu de les rechercher dans les terres végétales, parce qu'on leur en fournit surabondamment dans les fumiers. Il est heureux que l'on puisse se dispenser de faire cette recherche, car elle serait, d'ailleurs, embarrassante et difficile, et ne pourrait être effectuée que par des chimistes très-exercés.

---

1. — TERRES DE LA VALLÉE DU LOING, PRÈS NEMOURS, ET DE LA PLAINE DE PUISEAUX.

La ville de Nemours est agréablement située sur le bord du Loing, dans une vallée couverte d'arbres et de prairies. Quoiqu'elle soit entourée de canaux et de ruisseaux qui sont alimentés par un grand nombre de fontaines, elle est très-salubre, parce que le sol étant léger, lorsque l'eau ne trouve pas d'écoulement, elle est promptement absorbée et ne peut pas former d'amas croupissants. On distingue deux étages dans les coteaux qui bordent la vallée : l'étage supérieur, qui constitue une plaine immense à l'ouest et au midi ; l'étage moyen, qui s'étend indéfiniment à l'est, en formant une plaine ondulée et ascendante vers les rives de la Seine, et qui, sur les bords du Loing, entame les coteaux de l'ouest et du midi plus ou moins profondément, à peu près à la moitié de leur hauteur. Sur ce dernier étage on voit çà et là des monticules composés de sable blanc ou de terre de bruyère et de blocs de grès dont les sommets atteignent presque toujours le niveau de la plaine supérieure. Ces monticules nourrissent à peine quelques arbres verts et quelques Bouleaux ; leur aridité et leurs formes bizarres donnent au pays un aspect très-pittoresque.

La ville est peu éloignée de la ceinture de craie qui entoure le bassin de Paris. Cette circonstance rend la contrée fort intéressante sous le point de vue géologique. Il y existe cinq formations : 1° la craie ; 2° l'argile plastique ; 3° le calcaire d'eau douce inférieur ; 4° le grès et les sables marins ; 5° le calcaire d'eau douce supérieur.

1° La craie se montre à 4 kilomètres au sud dans la vallée, au niveau de la rivière et jusqu'à mi-côte ; plus loin elle se relève peu à peu, et vers Souppes, ainsi qu'au delà de Château-Landon, elle n'est plus recouverte que par un dépôt très-peu épais d'une des formations supérieures. Cette craie est généralement solide ; cependant, à Moqpois, un peu au-dessus de Souppes, sur la rive gauche, on exploite une carrière de craie tendre pour en faire du blanc d'Espagne ; mais cette carrière a peu d'étendue. On trouve dans la craie beaucoup de silex tuberculeux de formes bizarres et souvent très-délicates, et qui, sans aucun doute, ont pris naissance au sein même de la masse calcaire ; les corps organisés y sont rares et les mêmes qu'à Meudon.

Les quatre formations qui recouvrent la craie ont, comme

le sol sur lequel elles se sont déposées, une pente très-prononcée vers le nord ; aussi, du côté du midi, se présentent-
elles toutes successivement par leurs tranches.

2° L'argile plastique est la formation dominante dans le
pays. Près de la ville, elle occupe le fond de la vallée et elle
s'élève presque au niveau de l'étage moyen dont j'ai parlé.
Au delà de Souppes et de la petite rivière qui passe à Château-
Landon, elle atteint le niveau supérieur et elle couvre une
grande partie de la plaine qui s'étend du Loing à la Loire. Elle
consiste en silex brisés et roulés, en argile et en poudingues.
Les silex sont de toute grosseur et de toute couleur; ils proviennent probablement des bancs de craie qui ont été dé-
truits : il y en a des amas immenses. L'argile se trouve par
places ; tantôt elle est nuancée de jaune, de rouge et de vert,
on l'exploite alors pour en faire des briques, et tantôt elle est
blanche, comme à Plaigne, à la Coloune, près Montereau, etc.,
et on l'emploie, dans ce cas, pour fabriquer de la faïence dite
terre de pipe. Les poudingues sont composés des mêmes silex
roulés que ceux que l'on trouve isolés, mais agglutinés par
un ciment d'argile jaune ou rouge durci par des infiltrations
siliceuses; ils sont très-durs, et ils prennent un très-beau
poli; on les trouve çà et là en blocs souvent énormes.

3° Le calcaire d'eau douce inférieur existe à Nemours pré-
cisément au niveau de l'étage moyen, et il se montre à découvert à l'est jusqu'au delà de la Seine : au sud il remonte
par une pente douce presque au niveau de l'étage supérieur;
au nord et à l'ouest il se cache sous les grès et le calcaire
supérieur, et on ne le voit que sur les flancs des montagnes
et dans les ravins. Au midi, sur la rive droite du Loing, il ne
va pas au delà de 6 à 7 kilomètres; plus loin toute la plaine
est couverte par l'argile plastique et les silex roulés. Sur la
gauche de la rivière, il s'étend sans interruption jusqu'à
Château-Landon, et il se termine brusquement près de cette
ville au bord de la petite rivière du Susain. On distingue
partout, dans cette formation, deux bancs différents, mais
qui souvent n'ont pas de limites tranchées : 1° le banc infé-

rieur, qui renferme beaucoup de cailloux roulés semblables à ceux dont se composent les poudingues, et qui, dans plusieurs endroits, semblent se lier intimement à ces poudingues par des nuances ; 2° le banc supérieur, qui ne contient jamais de silex, mais dans lequel on trouve assez fréquemment des moules de coquilles d'eau douce. Ce dernier banc fournit des pierres de construction de grandes dimensions et d'excellente qualité ; on l'exploite en plusieurs lieux : à Château-Landon, sur les hauteurs de Souppes, au Fay, à Nonville et à Nemours.

4° La limite de la formation de grès et sables marins est encore plus rapprochée de Nemours que celle du calcaire inférieur. Sur la droite du Loing, elle se trouve près du lieu dit *la Roche de Pierre le sot* et de *la forest* ; sur la gauche elle suit une ligne qui passe par la Madeleine, le Tillet et Butteaux, village situé à 2 kilomètres de Château-Landon. Entre Nemours et la ligne-limite, le grès est à découvert et on le suit jusqu'à Fay sans interruption ; mais au delà il ne forme plus que quelques amas discontinus et peu épais, comme à la Madeleine, à Quenouville, etc., et il laisse, par conséquent, le calcaire inférieur à nu. A l'ouest et au nord, le grès s'étend jusqu'à une très-grande distance sous le calcaire supérieur. Entre le Loing et l'Essonne, dans la plaine de Puiseaux, on le trouve partout en fouillant à une petite profondeur, et il se montre même à découvert dans quelques dépressions du sol. A Malesherbes et à Dimancheville, l'Essonne coule dans le sable et dans le grès.

La formation des grès et sables marins se compose essentiellement de quartz hyalin en petits grains amorphes, mais non roulés. Ces grains sont souvent libres et à l'état de sable ; d'autres fois ils sont agglutinés et constituent ce que l'on appelle *du grès*. La matière qui a produit l'agglutination est le plus souvent calcaire, et quelquefois ce calcaire s'est trouvé tellement abondant, qu'il a pu cristalliser, sous des formes régulières, au milieu même du sable : de là le grès cristallin de Fontainebleau, que l'on trouve aussi à Nemours, dans la vallée des Châtaigniers. Souvent encore, la matière agglutinante est siliceuse ; alors la roche prend le nom de *grès lustré*, parce que sa cassure est luisante et comme lustrée : cette variété n'est pas commune aux environs de Nemours. Enfin il y a des grès dont le ciment est métallique; mais ils ne se trouvent jamais en grandes masses près de Nemours; ils se présentent sous la forme de plaques contournées, ordinairement très-minces, qui courent au milieu des sables ou des grès calcaires : la matière métallique est un mélange d'hydrate de fer et d'hydrate de manganèse, mélange dans lequel le manganèse se trouve souvent en forte proportion.

On sait que les coquilles ne sont pas abondantes dans la formation du grès : on en rencontre rarement à Nemours; mais dans la carrière de sable de Butteaux, près Château Landon, il y a une si grande quantité d'huîtres, que souvent on en trouve des amas considérables presque sans sable.

5° Le calcaire d'eau douce supérieur n'existe, à la droite de la vallée, que sur les rochers de grès de Darveaux et de Poligny; encore n'y est-il qu'en couche très-mince et toute disloquée. A la gauche, il ne se présente non plus qu'en couche très-mince sur le bord des coteaux, à Puiselet, à Ormesson, à Fay, au Tillet et à Butteaux; mais il s'étend sans discontinuer sur tout le plateau supérieur, et son épaisseur va en augmentant considérablement vers l'ouest. Autour de Puiseaux, il forme même des collines assez élevées (Bromeilles, au sud; Bardilly, Démonts, Garantreville, Burcy, Fromont et Rumont, vers le nord). Le pays qu'il recouvre, et que j'ai désigné sous le nom de *plaine de Puiseaux*, est très-fertile et produit beaucoup de Blé et de vin. On remarque dans les collines que je viens de citer, à des niveaux qui paraissent se correspondre, un ou deux bancs d'argile ou de marne, qui donnent naissance à quelques sources; mais, comme on le conçoit, ces sources ne fournissent jamais qu'un très-petit volume d'eau. Il y a même encore un autre banc argileux à quelques mètres au-dessous de la surface de la plaine, et c'est ce dernier banc qu'atteint le fond de tous les puits qui alimentent la ville de Puiseaux.

Le calcaire de la formation supérieure a le même aspect que celui de la formation inférieure : on n'y a jamais trouvé de cailloux roulés; mais on y voit assez fréquemment du silex à l'état de meulière. Il y en a un exemple intéressant dans la carrière de Bisson, sur l'Essonne, entre Briare et Malesherbes. Le fond de la carrière a atteint le grès et le sable; immédiatement au-dessus on trouve un banc de calcaire pénétré de coquilles d'eau douce; puis vient un banc du même calcaire, dans lequel on rencontre des masses aplaties, et souvent d'un grand volume, de silex carié blanc ou grisâtre, et enfin, par-dessus, on exploite un troisième banc qui est fort épais, et qui ne contient que très-peu de coquilles et pas du tout de silex.

1° *Terre du Marabout, près Nemours.*

Cette terre vient d'un champ qui est situé au confluent du Loing et du canal de Briare, et qui porte le nom de *Marabout*. Ce champ, dont la surface n'est élevée que de 1 mètre tout au plus au-dessus du niveau ordinaire de l'eau de la rivière, a été cultivé en pépinières pendant longtemps, et il n'a été défriché que depuis un petit nombre d'années. La plupart des arbres forestiers y croissent très-rapidement, et les arbres fruitiers, du moins ceux de certaines espèces, y réussissent assez bien. Les plantes légumineuses, les tubercules, les Choux et le Seigle y prospèrent quand les années n'y sont pas trop sèches, et qu'on a soin de lui fournir une quantité suffisante de fumier gras, tel que le fumier de vache. Le chaulage lui convient très-bien.

La terre est couleur café au lait, extrêmement meuble et très-caillouteuse; les cailloux dont elle est mélangée ont une grosseur variable et qui atteint souvent la grosseur du poing. Ces cailloux sont tous des silex de diverses couleurs, tels qu'ils se trouvent toujours dans l'argile plastique, brisés et imparfaitement arrondis. A la profondeur de 1 mètre tout au plus, on trouve un banc de grève jaune, et, pour peu que l'on fouille dans cette grève, on atteint le niveau de l'eau.

La terre, ayant été tamisée dans l'eau et lévigée ensuite a donné :

Cailloux et gros sable restés sur le tamis de crin. . .   0,31
Sable resté sur le tamis de soie..   0,51
Sable très-fin obtenu par lévigation.   0,05
Argile tenue en suspension.   0,13
                                                          1,00

Outre les cailloux de silex, le gros sable renferme des grains de quartz hyalin, dont quelques-uns atteignent la grosseur d'une noisette. Ces grains ne peuvent pas provenir du sable des grès, qui est très-fin, et ce sont, sans doute, les restes des alluvions anciennes qui ont couvert le pays avant le creusement de la vallée, alluvions dont on observe encore des vestiges sur quelques plateaux et, entre autres, sur la montagne du Train, entre Nemours et Montereau. Indépendamment des silex et du sable quartzeux, le gros sable contient quelques débris calcaires de coquilles, dont la proportion ne dépasse pas 0,005.

Le sable qui reste sur le tamis de soie ainsi que le sable lévigé ne se composent que de grains de quartz hyalin sans silex, et ne renferment, comme le gros sable, que 0,005 de carbonate de chaux.

L'argile tenue en suspension dans l'eau est visqueuse et d'un brun assez foncé. Toute la matière organique que renferme la terre s'y trouve rassemblée, et elle est en même temps très-ferrugineuse. Par calcination et grillage, elle perd 0,21 et devient rouge ; traitée successivement par l'acide acétique et par l'acide muriatique, elle laisse dissoudre 0,06 de carbonate de chaux et 0,12 d'oxyde de fer. Le fer est à l'état de protoxyde, et, comme la matière n'est pas magnétique, il y a lieu de croire que ce protoxyde s'y trouve sous forme de combinaison avec des matières organiques. Le résidu terreux et blanc étant ensuite fondu avec de la potasse, on a obtenu 0,20 d'alumine, qui équivalent à 0,60 d'argile commune. En fondant l'argile brute avec cinq fois son poids de litharge, elle a donné 0,10 de plomb, qui représentent 0,07 à

0,08 de matières organiques. Ainsi l'analyse de cette argile donne :

Silice combinée et sable.	0,46
Alumine..	0,20
Oxyde de fer.	0,12
Carbonate de chaux.	0,06
Matières organiques.	0,07 à 0,08
Eau.	1,09
	1,00

Et dans la terre entière il y a :

Cailloux et sable quartzeux.	0,886
Argile et oxyde de fer.	0,078
Carbonate de chaux.	0,006
Matières organiques.	0,009 à 0,010
Eau.	0,021
	1,000

Cette terre est peu argileuse et singulièrement pauvre en carbonate de chaux; elle ne jouirait probablement d'aucune fertilité, si elle ne pouvait puiser sans cesse, dans son sous-sol, de l'eau qui a pu dissoudre une certaine quantité de carbonate de chaux en passant à travers les deux calcaires d'eau douce et les grès, avant d'arriver au banc d'argile plastique.

2° *Terre du Châtelet*, *près Nemours.*

Cette terre provient d'un champ situé sur la rive droite du Loing, au pied d'un monticule nommé *le Châtelet*. Elle est légère, mais très-propre à la culture du Seigle, du Méteil et des racines. Elle se trouve au niveau de la partie supérieure de l'argile plastique et au pied de coteaux composés de calcaire d'eau douce et de grès sableux; elle est couleur café au lait. Par tamisage et lévigation, on en a extrait :

Fragments restés sur un tamis de crin.	0,076
Sable quartzeux resté sur un tamis de soie.	0,484
Sable quartzeux très-fin extrait par lévigation. . . .	0,090
Argile et sable fin tenus en suspension.	0,350
	1,000

Les fragments sont des débris de silex très-petits, le sable est du quartz blanc tout pur.

L'argile, à l'état humide, est d'un brun foncé, et elle a la propriété plastique ; desséchée, elle est couleur café au lait ; elle contient :

Silice et quartz.	0,620
Alumine.	0,068
Oxyde de fer.	0,045
Carbonate de chaux.	0,130
Eau et matières organiques.	0,137
	1,000

L'argile pure devant contenir environ le tiers de son poids d'alumine, il s'ensuit que la matière analysée ne renferme que **0,21** d'argile, et la terre brute **0,073** seulement. On voit, par cette analyse, combien peu il faut d'argile et de carbonate de chaux pour amender le sable pur lorsqu'il est fin.

D'après la quantité de plomb qu'elle produit avec la litharge, cette terre devait contenir **0,027** de matières organiques ; elle avait été tout récemment fumée.

3° *Terre de Saint-Pierre, près Nemours.*

On a pris cette terre dans un champ situé dans une plaine qui se trouve à peu près au niveau de l'étage moyen, sur la route de Puiseaux, au pied du rocher de grès de Saint-Pierre. On y cultive ordinairement du Seigle, qui y vient très-bien quand la saison n'est pas trop sèche. Elle est couleur café au lait pâle et très-meuble ; elle laisse passer immédiatement l'eau que l'on verse dessus, ne fait pas pâte et se dessèche avec la plus grande promptitude. Par lévigation, elle donne :

Sable quartzeux blanc.	0,90
Matières tenues en suspension.	0,10
	1,00

La matière que l'eau tient en suspension paraît homogène à l'œil nu ; mais examinée à la loupe, on y distingue des grains de quartz brillants et excessivement fins ; elle ne fait

pas pâte avec l'eau et craque sous la dent. Elle se compose
de :

Silice et quartz.	0,815
Alumine.	0,070
Oxyde de fer.	0,030
Carbonate de chaux..	0,010
Eau et matières organiques.	0,075
	1,000

D'après cela, et en supposant que l'argile renferme le tiers
de son poids d'alumine, la matière tenue en suspension dans
l'eau doit contenir 0,66 de sable quartzeux mélangé, et la
terre brute doit être composée de :

Sable quartzeux..	0,5000	
Sable extrêmement fin.	0,0660	
Silice..	0,0150	} Argile, 0,0225
Alumine.	0,0075	}
Oxyde de fer..	0,0030	
Carbonate de chaux.	0,0010	
Eau et matières organiques. . .	0,0075	
	1,0000	

C'est donc du sable presque tout pur. Il n'est cultivable
que parce qu'il est fin et qu'il est situé dans une plaine, presque immédiatement au-dessus de l'argile plastique.

4° *Terre de curage du canal à Nemours.*

Brune, visqueuse et mêlée de cailloux de silex. Après
qu'on en a enlevé à la main les plus gros de ces cailloux, elle
contient :

Gros sable quartzeux.	0,060	
Sable resté sur le tamis de soie. .	0,117	
Sable obtenu par lévigation. . . .	0,085	
Sable extrêmement fin.	0,040	
Silice.	0,148	} Argile, 0,205
Alumine et oxyde de fer.	0,057	}
Carbonate de chaux.	0,414	
Eau et matières organiques. . . .	0,079	
	1,000	

Le gros sable n'est que du silex ; le sable du tamis de soie est du quartz hyalin de la grosseur d'un petit pois tout au plus, et mélangé de quelques fragments de carbonate de chaux. Les 0,085 de sable obtenus par lévigation se composent de 0,057 de quartz et 0,028 de carbonate de chaux. Les 0,040 de sable excessivement fin ne s'obtiennent qu'en soumettant à une nouvelle lévigation la partie de la terre tenue en suspension dans l'eau, après l'avoir traitée par l'acide acétique.

Il ne paraît pas que cette terre renferme de silice gélatineuse, ni de fer à l'état de protoxyde. La proportion des matières organiques qu'elle contient doit être considérable; aussi, lorsqu'on la calcine en vase clos, elle devient noire et retient près de 0,010 de charbon. Après qu'on l'a laissée exposée à l'air pendant une année, elle est d'un excellent emploi pour amender les sols sableux et pauvres; elle doit faire l'office d'une marne très-calcaire mêlée d'engrais.

5° *Terre de Bruyère des Courtins, près Nemours.*

Prise sur le plateau qui se trouve entre la route de Montargis et la route de Nanteau. Depuis quelques années, on y cultive des Pins qui y viennent très-bien et y croissent très-rapidement. Elle est homogène et d'un noir un peu brun; passée successivement au tamis de crin et au tamis de soie et lévigée ensuite, elle donne :

Sable resté sur le tamis de crin.	0,010
Sable resté sur le tamis de soie.	0,600
Sable obtenu par lévigation.	0,090
Sable excessivement fin et argile.	0,190
Matières organiques.	0,100
Eau.	0,010
	1,000

Les sables obtenus par le tamisage sont légèrement colorés en gris par des débris de matières organiques. Elle ne contient qu'une trace de carbonate de chaux. Elle perd 0,115 de son poids par le grillage, et elle prend une légère teinte ocracée. Fondue avec la litharge, elle produit 1,7 de plomb.

L'ammoniaque lui enlève une forte proportion de matières organiques et se colore en brun foncé. Si on traite le résidu par l'acide muriatique, l'ammoniaque lui enlève ensuite une nouvelle dose de matières organiques; enfin la potasse dissout immédiatement la presque totalité de ces matières.

Cette terre est identique avec celle que l'on emploie dans le jardin du Luxembourg; mais elle est beaucoup moins riche en matières organiques que la terre dont on se sert au jardin des Plantes, et qui vient de Palaiseau.

6° *Terre de Bruyère de Palaiseau.*

Je place ici l'analyse de cette terre pour qu'on puisse la comparer avec la terre de Nemours. La terre de Palaiseau est d'un noir intense, et elle diffère des autres terres de même nature en ce que les grains de quartz dont elle est composée sont beaucoup plus gros. La plupart de ces grains atteignent le volume d'un grain de Millet; il y en a même qui atteignent le volume d'un Pois. Elle donne à l'analyse :

Sable resté sur le tamis de crin..........	0,125	
Sable resté sur le tamis de soie..........	0,440	
Sable fin obtenu par lévigation	0,125	
Sable excessivement fin mêlé d'un peu d'argile...........................	0,110	
Matières organiques retenues par le tamis de soie...........................	0,080	0,200
Id. mélangées avec les matières légères..	0,120	
	1,000	

Traitée par l'ammoniaque, elle donne une liqueur brune, et après cela on obtient encore une liqueur semblable par l'action de la potasse. Toutes ces liqueurs alcalines se décolorent par l'eau de chaux, et les précipités bruns qui se forment sont sensiblement solubles dans l'eau.

7° *Terre d'Ormesson.*

En suivant la route de Nemours à Beaumont, on marche dans une plaine sablonneuse qui se trouve à peu près au niveau du calcaire d'eau douce inférieur. Mais, à environ 3 kilomètres de la ville, on arrive au pied du coteau qui borde la vallée du Loing, et au-dessus de la montagne on se trouve sur le grand plateau supérieur qui s'étend de là sans interruption jusqu'à Puiseaux. La terre qui recouvre ce plateau est argileuse et fertile, mais elle a peu de fond ; elle repose sur le calcaire d'eau douce supérieur qui, à Ormesson et partout sur le bord de la vallée, n'a que quelques décimètres d'épaisseur, mais qui plus loin prend une grande extension.

La terre qui a été l'objet de cette analyse a été prise dans un champ planté en Vigne et qui passe pour être de bonne qualité. Elle est d'un jaune d'ocre pâle ; elle fait pâte avec l'eau, mais en se desséchant elle se fendille et elle s'écrase alors sous une assez faible pression. Par la calcination, elle s'agglomère et prend la consistance de la brique. Elle ne fait qu'une très-faible effervescence avec les acides. Elle contient :

Sable quartzeux à gros grains....	0,150	} 0,565
Sable quartzeux très-fin..........	0,415	}
Silice combinée................	0,210	| Argile, 0,316
Alumine......................	0,106	|
Oxyde de fer..................	0,044	
Carbonate de chaux............	0,005	
Eau et humus.................	0,070	
	1,000	

Elle peut absorber 0,36 d'eau ; par conséquent, quand elle est saturée, elle en contient 0,265.

La terre que l'on cultive à Puiselet, à 5 kilomètres de là, sur le même plateau, a presque exactement la même composition.

On remarque que la terre d'Ormesson renferme près de la moitié de son poids de sable quartzeux tout à fait identique avec le sable de la formation des grès, dont la terre est séparée par un banc de calcaire d'eau douce ; on retrouve le même mélange de sable dans la terre végétale de toute la plaine de Puiseaux. Pour expliquer ce mélange, comme toute la formation a une pente sensible du sud au nord, on suppose que le sable provient de la tranche du dépôt de grès là où il était mis à jour, et qu'il a été entraîné et répandu en tous sens par les eaux sur les surfaces en pente.

8° *Autre terre d'Ormesson.*

Presque à côté de la terre dont il vient d'être parlé, il en existe une autre que l'on emploie pour amender les jardins de Nemours, particulièrement lorsqu'on veut cultiver des Pêchers. Elle est d'un jaune d'ocre assez foncé et d'apparence homogène. Elle contient :

Sable quartzeux moyen	0,170
Argile blanche	0,750
Hydrate de fer	0,050
Carbonate de chaux	0,030
	1,000

9° *Terres d'Obsonville* (plaine de Puiseaux).

On distingue, autour du village d'Obsonville (sur le plateau), trois principales variétés de terres dites 1° terre de première qualité, 2° terre de seconde qualité, et 3° terre de la dernière qualité, placée par le cadastre dans la cinquième classe. Elles contiennent :

	N° 1.	N° 2.	N° 3.
Sable quartzeux	0,545	0,385	0,420
Argile	0,195	0,165	0,150
Oxyde de fer	0,065	0,062	0,080
Carbonate de chaux	0,120	0,320	0,280
Matières organiques	0,022	0,014	0,014
Eau	0,053	0,054	0,056
	1,000	1,000	1,000

N° 1. D'un jaune d'ocre tirant sur le brun, médiocrement tenace. Elle absorbe 0,55 d'eau et en contient, par conséquent, 0,313 lorsqu'elle est saturée. Par le tamisage, on n'en sépare que 0,015 de grains moyens, composés de 0,008 de quartz et 0,007 de fragments calcaires. Il est presque impossible d'en séparer du sable par lévigation, tant ce sable est fin.

N° 2. De seconde qualité. D'un jaune d'ocre. Elle absorbe 0,42 de son poids d'eau et en contient, par conséquent, 0,300 à l'état de saturation. On en sépare 0,05 de petits grains calcaires et quartzeux par lévigation.

N° 3. De la moins bonne qualité de la commune. D'un jaune d'ocre vif. Elle absorbe 0,39 d'eau et en contient, par conséquent, 0,28 à l'état de saturation. Par la lévigation, on en sépare 0,015 de sable quartzeux et 0,045 de fragments calcaires.

Les trois terres d'Obsonville diffèrent peu entre elles par leur composition ; leurs qualités relatives sont dues probablement à leur fond, c'est-à-dire à l'épaisseur de la couche déposée sur la roche calcaire qui forme le sous-sol.

10° *Terres de Châtenoy* (plaine de Puiseaux).

Ces terres passent pour être les meilleures de la contrée. Indépendamment de leurs qualités propres, elles ont l'avantage d'avoir beaucoup de fond. On en distingue deux variétés ; l'une dite noire (n° 1), et l'autre dite blanche (n° 2). Elles sont d'un brun terreux toutes les deux ; mais la première a une teinte plus foncée tirant sur le noir, ce qui tient à ce qu'elle renferme une proportion plus grande de matières organiques que la seconde. Elles sont composées de :

	N° 1.		N° 2.	
Quartz fin par lévigation.	0,100		0,060	
Quartz très-ténu........	0,495		0,585	
Silice................	0,180	} Argile, 0,270	0,160	} Argile, 0,240
Alumine..............	0,090		0,080	
Oxyde de fer..........	0,055		0,045	
Eau et matières organiq..	0,088		0,070	
	1,008		1,000	

N° 1. Plus fertile que le n° 2. Elle absorbe 0,43 d'eau et en contient, par conséquent, 0,30 à l'état de saturation. Desséchée lentement, elle est très-tenace, quoique excessivement grenue ; calcinée ensuite en vase clos, elle devient dure, mais cependant elle se brise sans difficulté sous le choc.

N° 2. Elle absorbe 0,415 d'eau, un peu moins que la précédente. Comme ces deux terres ne diffèrent que fort peu de composition, on doit croire que leur mérite relatif de fertilité dépend de leur fond et de quelques circonstances locales. Il est remarquable qu'elles ne contiennent l'une et l'autre qu'une quantité tout à fait insignifiante de carbonate de chaux ; ce qui n'empêche pas que, contrairement à l'opinion commune en ce qui concerne la nature des terres à céréales, elles ne soient éminemment propres à la culture du Froment. Ce fait a d'autant plus d'intérêt que, dans cette localité, le sol n'est arrosé que par l'eau de la pluie, et qu'il ne reçoit aucune source qui pourrait lui fournir du carbonate de chaux ; d'où il suit que les engrais suffisent pour procurer, aux plantes que l'on y récolte, les matières calcaires qui leur sont nécessaires. On se demande, après cela, quel rôle joue la chaux dans l'importante pratique du chaulage, qui produit, dans beaucoup de contrées, de si grands résultats. Cette question mérite d'attirer l'attention des agronomes théoriciens.

11° *Terre à Safran* (plaine de Puiseaux).

Depuis un temps presque immémorial, on cultive une grande quantité de safran autour de la ville de Puiseaux ; mais toutes les terres du pays ne sont pas propres à cette culture, et il faut choisir, pour cela, celles qui sont de la meilleure qualité : encore est-on obligé de ne les consacrer ensuite qu'à d'autres récoltes pendant un très-long temps. L'échantillon qui a été soumis à l'analyse a été pris dans un champ réputé pour être excellent. J'ai trouvé dans cet échantillon :

Sable quartzeux	0,268	
Silice	0,186	} Argile, 0,279
Alumine	0,093	
Oxyde de fer	0,020	
Carbonate de chaux	0,370	
Eau et matières organiques	0,063	
	1,000	

Par le tamisage et la lévigation, on n'en sépare que 0,15 de grains pierreux, en général très-petits, et qui atteignent rarement la grosseur d'un Pois. Ces grains sont des fragments calcaires sans mélange de quartz. Quant à celui-ci, il est en particules si ténues, qu'on ne peut le doser que par calcul, en retranchant du poids des matières tenues en suspension le poids de l'argile avec laquelle il reste mélangé. Les 0,22 de carbonate de chaux que la lévigation ne sépare pas sont intimement mélangés avec l'argile et le sable quartzeux ; mais on le dissout à l'aide de l'acide acétique ou, mieux, de l'acide nitrique faible, qui agit d'une manière plus prompte et plus sûre.

Lorsque l'on mouille cette terre, elle absorbe beaucoup d'eau et elle se prend en pâte visqueuse ; mais cette pâte perd presque toute sa consistance en se desséchant. Elle est très-perméable aux racines, ce qui est une condition essentielle pour que les Oignons y prospèrent ; elle doit cette propriété à la grande proportion de sable et de grains calcaires qu'elle renferme.

12° *Terre d'Aufferville* (plaine de Puiseaux).

Elle provient de la ferme de Malvoisine, et fait partie d'un canton qui a reçu le nom de *Champagne pouilleuse*, à cause de sa stérilité. Elle est d'un jaune d'ocre pâle, assez tenace, mais se délayant facilement dans l'eau. Elle contient :

Quartz gros et moyen	0,100	
Quartz fin	0,073	
Silice	0,126	Argile, 0,189
Alumine	0,063	
Oxyde de fer	0,014	
Carbonate de chaux	0,568	
Eau et matières organiques	0,050	
	1,000	

Par la préparation mécanique, elle donne :

Sable resté sur le tamis de crin....................	0,160
Sable resté sur le tamis de soie....................	0,100
Sable obtenu par lévigation.......................	0,060
Matières tenues en suspension....................	0,680
	1,000

Les sables sont principalement calcaires et renferment des débris de coquilles. Le quartz est blanc et sans mélange de silex.

Cette terre n'est probablement stérile qu'à cause de son défaut de fond.

13° *Terre du parc Gautier* (plaine de Puiseaux).

Le parc Gautier est cultivé en bois depuis un temps immémorial ; mais on en a défriché une partie depuis peu pour y cultiver des céréales. Cette partie est la meilleure du parc, et on la considère comme excellente. Elle forme une couche épaisse d'environ 2 décimètres, et elle repose sur un banc d'argile sableuse d'un jaune d'ocre qui est très-perméable aux racines des arbres. La terre est d'un jaune pâle tirant sur le gris ; elle a le même aspect que la terre d'Obsonville de première qualité. Elle absorbe 0,40 d'eau et en contient, par conséquent, 0,285 à l'état de saturation. Par la lévigation, elle laisse 0,07 de grains pierreux de la grosseur d'un Pois tout au plus, et qui se composent de 0,02 de quartz et 0,05 de carbonate de chaux. L'analyse de deux échantillons a donné :

Quartz et calcaires lévigés.	0,000		0,070	
Quartz excessivement fin.	0,155		0,141	
Silice.......................	0,140	} Argile, 0,216	0,066	} Arg., 0,099
Alumine.....................	0,070		0,033	
Carbonate de chaux.....	0,195		0,250	
Oxyde de fer..............	0,070		0,075	
Matières organiques.....	0,029		0,039	
Eau.......................	0,041		0,036	
	1,000		1,000	

D'après cela, 1 hectare de cette terre de 2 décimètres d'épaisseur doit contenir 1,200 quintaux métriques de matières organiques, tandis qu'une fumure ordinaire pour trois ou quatre ans n'en exige que 500 quintaux métriques.

On a fait les expériences suivantes pour constater les propriétés des matières organiques contenues dans cette terre. 50 grammes ont été traités par une grande quantité d'eau distillée; l'eau a pris une teinte jaune prononcée, quoique très-faible. Elle ne précipitait ni par le nitrate de baryte ni par le nitrate d'argent. Rapprochée jusqu'à consistance sirupeuse, elle a pris la couleur du bouillon : la matière restante se dissolvait en grande partie dans l'alcool comme dans l'eau. Son poids était très-peu considérable, et par le grillage elle n'a laissé qu'environ un vingt-cinq-millième du poids de la terre de sulfate de chaux sans alcali. Traitée par l'ammoniaque ou par la potasse, la terre n'a pas communiqué aux liqueurs alcalines une teinte plus foncée qu'à l'eau pure; la potasse ne lui a pas enlevé la plus petite trace de silice gélatineuse. En traitant la terre par l'acide muriatique, le résidu colorait ensuite l'ammoniaque en jaune; mais la teinte n'était guère plus foncée que celle du vin. La matière organique de cette terre, qui provient uniquement de la putréfaction des feuilles de Chêne et d'autres arbres dicotylédons, puisqu'elle n'avait pas été fumée, est donc d'une nature toute différente de celle de la terre de Bruyère de Nemours, etc.

14° *Terre de Bromerolles* (plaine de Puiseaux).

Bromerolles est une montagne située auprès de Bromeilles, à 5 kilomètres au sud de Puiseaux. La terre a été prise dans un champ sur le plateau; elle est d'un jaune pâle passant à la couleur blonde. Par lévigation, on en sépare 0,45 de gros sable essentiellement calcaire, qui, sur le tamis de crin, laisse passer 0,15 de sable moyen, composé de 0,13 de petits fragments calcaires et 0,02 seulement de quartz hyalin réduit en sable grossier et mêlé de quelques grains roulés d'un blanc de lait. Les fragments restés sur le tamis sont de toutes grosseurs, jusqu'à celle d'un petit Haricot, et de nature calcaire. La partie tenue en suspension dans l'eau renferme 0,050 de son poids de sable excessivement fin, 0,025 d'hydrate de fer, 0,520 de carbonate de chaux invisible. L'analyse complète donne :

Sable quartzeux moyen.	0,020
Sable quartzeux très-fin.	0,026
Argile colorée en gris par l'humus.	0,225
Calcaire en gros fragments.	0,300
Calcaire en fragments moyens.	0,130
Calcaire en particules invisibles.	0,286
Hydrate de fer.	0,013
	1,000

15° *Terre de Bromeilles* (plaine de Puiseaux).

Cette terre se trouve sur le penchant de la montagne de Bromeilles et forme un monticule qui porte le nom de *Butte jaune*. Elle est d'un jaune d'ocre pâle, mais pur et d'apparence homogène. Par lévigation, elle laisse 0,067 de sable composé de 0,041 de quartz hyalin brisé en très-petits fragments mêlés de grains arrondis d'un blanc laiteux et de petits fragments calcaires. L'analyse a donné :

Sable quartzeux moyen.	0,041
Sable quartzeux excessivement fin.	0,028
Argile avec peu d'humus.	0,452
Hydrate de fer.	0,032
Carbonate de chaux.	0,447
	1,000

16° *Terre du haut de Bardilly* (plaine de Puiseaux).

La terre a été prise sur le plateau qui surmonte la montagne de Bardilly, à quelques kilomètres au nord de Puiseaux. Elle est d'un jaune d'ocre assez foncé. Par lévigation, on en sépare 0,360 de sable, qui reste presque tout entier sur le tamis de soie et qui se compose de 0,332 de fragments calcaires et de 0,028 de sable quartzeux. Celui-ci n'est formé que de quartz hyalin réduit en très-petites parties ou en morceaux arrondis laiteux, ayant depuis la grosseur d'un grain de Millet jusqu'à la grosseur d'un Pois. Ce sable diffère complétement du sable des grès; il est identique avec celui qu'on trouve dans les terres de Bromerolles et de Bromeilles, et probablement dans toutes les terres qui occupent les plateaux élevés. L'analyse a donné :

Sable quartzeux..	0,028
Gros sable calcaire.	0,322
Sable calcaire très-fin.	0,384
Argile et humus..	0,240
Hydrate de fer.	0,016
	1,000

17° *Terre du bas de Bardilly* (plaine de Puiseaux).

Prise dans la plaine au pied de la montagne, près *de la voie du Saule*, dans un champ appartenant à M. Jules Dumesnil. Elle est d'un jaune d'ocre très-foncé et d'apparence homogène. Par lévigation, elle laisse 0,043 de sable composé de 0,012 de petits fragments calcaires, et 0,031 de sable quartzeux ; ce sable est formé de très-petits fragments de quartz hyalin mêlés de quelques grains arrondis d'un blanc laiteux de la grosseur d'un petit Pois tout au plus. L'analyse complète a donné :

Sable quartzeux fin.	0,032
Sable quartzeux excessivement fin..	0,048
Argile et humus..	0,825
Hydrate de fer.	0,070
Carbonate de chaux.	0,025
	1,000

Cette terre, étant située au pied de la montagne et recevant toutes les eaux qui s'en écoulent, a dû être formée par l'argile que contient la terre du plateau supérieur dégagée de tous les fragments pierreux.

En comparant entre elles les analyses des terres qui couvrent la plaine de Puiseaux proprement dite et des terres qui occupent le sommet des collines de Bromerolles, Bromeilles et Bardilly, on remarquera qu'elles n'ont pas la même composition : les premières renferment une forte proportion de sable quartzeux de la formation des grès, tandis que les secondes n'en contiennent pas du tout. Cette remarque est importante au point de vue de la géologie.

18° *Marne de Bardilly* (plaine de Puiseaux).

Cette marne forme un banc de 4 mètres d'épaisseur intercalé dans le calcaire d'eau douce. On le voit à mi-côte de la montagne de Bardilly; il donne naissance aux petites sources qui portent ce nom : on estime qu'il occupe un espace de 250 hectares.

La marne est d'un blond pâle nuancé de blanc. Par lévigation, elle laisse 0,07 de sable fin composé de petits grains calcaires mêlés de grains de quartz et de grains ferrugineux. La matière tenue en suspension dans l'eau ne laisse pas déposer de sable par un long repos, et elle a tous les caractères d'une argile intimement mélangée de carbonate de chaux. L'analyse donne :

Sable quartzeux.	0,070	
Silice.	0,230	} Argile, 0,345
Alumine.	0,115	
Oxyde de fer.	0,040	au plus.
Carbonate de chaux.	0,425	
Carbonate de magnésie.	0,010	
Eau.	0,110	
	1,000	

Cette marne pourrait servir avec avantage pour amender les terres très-sableuses de la vallée de Briare. On pourrait aussi l'employer à la fabrication de la chaux hydraulique en la faisant cuire avec une certaine quantité de chaux grasse.

19° *Argile de la Rigole* (plaine de Puiseaux).

Cette argile se trouve, comme la marne précédente, dans la montagne de Bardilly et paraît faire partie du même banc. Au lieu où elle a été prise, près de la source dite *la Rigole*, ce

banc a 2 mètres d'épaisseur. L'argile est de couleur blonde. Par
calcination, elle devient d'un rouge pâle nuancé de blanc, et
elle acquiert une grande dureté. Elle peut absorber 0,65 d'eau
et en contient, par conséquent, 0,40 à l'état de saturation.
Par lévigation, elle ne laisse que 0,030 de sable composé de
petits grains de quartz mêlés de quelques grains amorphes
de pierre calcaire. Son analyse a donné :

Sable quartzeux très-fin.	0,260	
Silice.	0,380	} Argile, 0,570
Alumine.	0,190	}
Hydrate de fer.	0,050 au plus.	
Eau.	0,080	
Carbonate de chaux.	0,040	
	1,000	

20° *Argile du fossé de Puiseaux.*

Cette argile occupe le fond du fossé qui entoure la ville de
Puiseaux et qui avait été creusé, au moyen âge, pour sa dé-
fense ; elle paraît former un banc régulier placé entre les sables des grès et le calcaire lacustre supérieur. Comme elle est
imperméable et en même temps située assez près de la surface, elle rend un grand service aux habitants, qui peuvent
aller y chercher, par des puits peu profonds, l'eau nécessaire
à leurs besoins. Elle est d'un jaune d'ocre pâle, à grains fins,
et elle ressemble, par l'aspect, à l'argile de la Rigole. Sou-
mise immédiatement à la lévigation, elle ne laisse que 0,03
de sable ; mais, si on la traite préalablement par l'acide muriatique, elle en laisse davantage. Elle contient :

Sable quartzeux fin.	0,110	
Silice.	0,360	} Argile, 0,540
Alumine.	0,180	}
Oxyde de fer.	0,060	
Carbonate de chaux.	0,150	
Eau.	0,140	
	1,000	

II. — TERRES VÉGÉTALES DE LIEUX DIVERS.

21° *Terres de Saint-Germain-de-Laxis, près Melun.*

La contrée de Saint-Germain-de-Laxis passe pour être une des plus fertiles de la Brie. Elle est propre à toutes les cultures, principalement à celle des céréales, des prairies artificielles et des Betteraves ; les arbres à fruit y viennent parfaitement bien, surtout les Pommiers et les Poiriers. Le sol labourable a de 4 à 5 décimètres d'épaisseur et repose sur la pierre meulière.

On distingue, à Saint-Germain, deux sortes de terres : l'une, la terre commune, qui occupe les parties les plus élevées du plateau et dans laquelle on récolte des céréales ; et l'autre, qui se trouve dans les bas-fonds, et que l'on appelle terre pourrie, parce qu'elle est toujours humide. Celle-ci produit des prairies artificielles, des Betteraves, du Lin, etc. ; comme elle a beaucoup de fond, on y plante des Peupliers, des Saules, des Frênes, etc., qui poussent avec une très-grande rapidité. J'ai analysé deux échantillons de terre commune et un échantillon de terre pourrie.

1° *La terre commune* de Saint-Germain est d'un jaune d'ocre très-pâle et tirant un peu sur le brun. Quand on l'imbibe d'eau, elle prend de la consistance en se desséchant, mais néanmoins on l'écrase aisément, et elle n'acquiert pas assez de solidité par la cuisson pour que l'on puisse en faire des briques. La terre de première qualité sèche absorbe 0,47 d'eau ; quand elle en est saturée, elle en contient, par conséquent, 0,32. La terre de seconde qualité n'en absorbe que 0,33, et n'en contient, par conséquent, à l'état de saturation, que 0,23. Lorsqu'on soumet ces terres à la lévigation, on ne peut en extraire que 0,10 à 0,15 de sable. Ce sable est grossier, mais il présente rarement des grains plus gros que des petits Pois ; il se compose presque uniquement de fragments de quartz hyalin tout à fait différents des grains de quartz de la formation des grès. Lorsque l'on traite ces terres préalablement par l'acide muriatique bouillant, on peut en extraire une beaucoup plus grande proportion de sable en les lévigeant, mais ce sable est très-fin, et il en reste toujours une proportion considérable mêlée avec l'argile que l'eau tient en suspension.

L'analyse a donné :

	1re qualité.		2e qualité.	
Sable quartzeux lévigé.	0,140 } 0,665		0,100 } 0 773	
Sable quartzeux très-fin. . . .	0,525 }		0,673 }	
Silice combinée.	0,140 } Argile,		0,100 } Argile,	
Alumine.	0,070 } 0,210		0,050 } 0,150	
Peroxyde de fer.	0,045		0,036	
Carbonate de chaux.	0,020		0,005	
Eau et matières organiques. . .	0,060		0,036	
	1,000		1,000	

La première terre, fondue avec cinq parties de litharge, produit 0,34 de plomb équivalant à 0,10 de charbon, ce qui doit représenter environ 0,025 de matières organiques. La seconde terre ne renferme qu'une proportion inappréciable de ces matières.

On peut remarquer que la terre de Saint-Germain de première qualité diffère très-peu, par sa composition, de la terre d'Ormesson, et que cette dernière se distingue même par une plus forte proportion d'argile. Cependant il paraît que la terre de Saint-Germain est beaucoup plus fertile. Il est probable que la profondeur du sol, qui est beaucoup plus grande pour la première que pour la seconde, a de l'influence sur cette différence de fertilité. Le sable de la terre de Saint-Germain est évidemment plus fin que le sable de la terre d'Ormesson ; aussi voit-on que celle-ci absorbe une proportion d'eau beaucoup moindre que la première. La propriété d'absorber beaucoup d'eau me paraît être la principale cause de la fécondité des terres végétales.

2° La terre de Saint-Germain, dite *terre pourrie*, est d'un brun assez foncé, et elle doit cette coloration à la présence d'une forte proportion de matières organiques. Elle peut absorber la moitié de son poids d'eau au moins, d'où il suit qu'à l'état de saturation elle en contient plus de 0,33 ; quand on la dessèche ensuite à une douce chaleur, elle exhale une très-forte odeur de fumier, et elle forme une masse agglomérée, mais cette masse s'écrase sous une très-faible pression.

Par calcination en vase clos, elle devient noire ; par grillage elle passe du noir au rouge de brique. Fondue avec cinq parties de litharge, elle produit 0,850 de plomb équivalant à 0,025 de charbon, qui doivent représenter environ 0,060 de matières organiques. Lorsqu'on la fait bouillir avec du carbonate de soude, la plus grande partie de ces matières se dissout, et l'on obtient une liqueur brune. Cette liqueur donne, par les acides, un précipité brun qui doit être de l'acide apocrénique ; mais elle ne se décolore pas complétement, ce qui prouve qu'elle retient de l'acide crénique en dissolution. L'analyse donne :

Sable quartzeux lévigé.	0,060	} 0,398
Sable quarzeux excessivement fin.	0,338	
Silice combinée.	0,296	} Argile, 0,444
Alumine.	0,148	
Oxyde de fer.	0,047	
Carbonate de chaux.	0,015	
Matières organiques.	0,060	
Eau.	0,036	
	1,0 0	

Les terres de Saint-Germain ont à la fois la propriété d'absorber beaucoup d'eau, et d'être meubles et parfaitement perméables aux racines, ce qui explique leur grande fécondité. On peut remarquer, d'ailleurs, qu'elles sont très-pauvres en carbonate de chaux, et qu'en cela elles se rapprochent de la terre d'Ormesson et des excellentes terres de Châtenoy ; ce qui montre encore que, si en général les terres qui reposent sur les terrains calcaires sont de très-bonne qualité et particulièrement propres à la culture des céréales, ce n'est pas à la présence du carbonate de chaux qu'elles doivent ces propriétés. La terre pourrie est extrêmement riche en humus, c'est un véritable terreau, et, comme, d'ailleurs, elle renferme une forte proportion d'argile, elle doit ne se dessécher que fort lentement.

22° *Terres des vignobles de Pomard* (Côte-d'Or).

La commune de Pomard est célèbre par les excellents vins qu'elle produit. Elle est située à 5 kilomètres de Beaune, sur le versant ouest de la première chaîne de la Côte-d'Or, chaîne qui est constituée par un calcaire quartzeux peu dur, que l'on rapporte à l'étage inférieur du calcaire oolithique. Le sol a environ 1 mètre d'épaisseur et regarde le sud-ouest.

Les deux échantillons de terre qui ont été soumis à l'analyse ont été pris dans deux champs absolument contigus, appartenant au même propriétaire, entretenus de la même manière, et dans lesquels on cultive les mêmes cépages; mais néanmoins les vins que produisent ces deux champs diffèrent très-notablement l'un de l'autre. Le champ n° 1 donne du vin rouge fin proprement dit, dans lequel on retrouve une partie des qualités du vin de Champagne, mais un arome moins piquant et une plus grande mollesse que n'en ont ordinairement les vins de Bourgogne. Le champ n° 2 fournit un Vin rouge corsé qui affecte vivement toutes les papilles de la langue et du palais, emplit bien mieux la bouche en quelque sorte, et laisse ensuite la saveur un peu acide qu'aiment les gourmets, mais il n'est pas plus alcoolique.

La terre n° 1 est de couleur brique assez foncée, tirant sur le rouge un peu brun; elle se compose de matières argilo-ferrugineuses qui empâtent des grains de diverses grosseurs, mais dépassant rarement la grosseur d'un Pois. La terre n° 2 est d'une couleur briquetée plus pâle, tirant moins sur le rouge et plus sur le brun que la première. Elle est évidemment moins argileuse et moins ferrugineuse, et le calcaire qu'elle contient y est en fragments plus gros.

On a passé chacune de ces terres successivement, à travers un tamis de crin et un tamis de soie, dans l'eau, et on les a ensuite lévigées. Elles ont donné :

	N° 1.	N° 2.
Gros grains restés sur le tamis de crin. . .	0,258	0,410
Sable fin resté sur le tamis de soie.	0,043	0,120
Sable fin obtenu par lévigation.	0,186	0,080
Argile..	0,513	0,390
	1,000	1,000

Les gros sables contiennent :

	N° 1.	N° 2.
Carbonate de chaux à peine magnésien. . .	0,90	0,94
Quartz.	0,10	0,06
	1,00	1,00

Les sables fins du tamis de soie ont donné :

	N° 1.	N° 2.
Carbonate de chaux à peine magnésien. . .	0,68	0,83
Quartz.	0,32	0,17
	1,00	1,00

Les sables obtenus par lévigation, soumis successivement à l'action de l'acide acétique et de l'acide oxalique, ont donné :

	N° 1.	N° 2.
Carbonate de chaux à peine magnésien. . .	0,42	0,28
Hydrate de fer.	0,12	0,15
Sable quartzeux et argile.	0,46	0,57
	1,00	1,00

Enfin on a obtenu des deux argiles, traitées ainsi successivement par l'acide acétique et l'acide oxalique :

	N° 1.	N° 2.
Carbonate de chaux à peine magnésien. . . .	0,22	0,20
Hydrate de fer.	0,15	0,16
Argile et sable très-fin desséchés.	0,63	0,64
	1,00	1,00

Ces deux résidus sont à peu près identiques, et ils ne contiennent qu'environ le dixième de leur poids d'alumine, ce qui équivaut à peu près au tiers de leur poids d'argile ; aussi, lorsque après les avoir traités par l'acide muriatique, qui en sépare l'hydrate de fer, on les soumet à la lévigation, on peut en extraire une proportion considérable de sable quartzeux blanc d'une extrême finesse.

Pour avoir une idée de la proportion des matières organiques contenues dans ces terres, on les a fondues avec trois fois leur poids de litharge, après en avoir séparé l'oxyde de fer par le moyen de l'acide muriatique. On a obtenu :

	N° 1.	N° 2.
Plomb..	0,120	0,240
Ce qui équivaut à charbon.	0,004	0,008
Et à matières organiques environ.	0,010	0,020

Je ne pense pas, néanmoins, que la différence de proportion des matières organiques constitue la différence que l'on observe dans les qualités de ces terres, parce que cette proportion est à la disposition du cultivateur, et qu'ici elle n'est peut-être qu'accidentelle. On a pour ces terres, sous le rapport de la composition :

	N° 1.		N° 2.	
Quartz resté sur le tamis de crin.	0,026		0,025	
Quartz resté sur le tamis de soie.	0,014		0,020	
Quartz obtenu par lévigation. . .	0,085		0,046	
Quartz excessivement fin.	0,174		0,133	
Silice combinée.	0,102 } Argile,		0,078 } Argile,	
Alumine.	0,051 } 0,153		0,039 } 0,117	
Hydrate de fer.	0,098		0,074	
Pierre calcaire restée sur le tamis de crin., ...	0,230		0,385	
Pierre calcaire restée sur le tamis de soie..	0,029		0,100	
Pierre calcaire en grains fins. . .	0,078		0,022	
Pierre calcaire en grains excessivement fins.	0,113		0,078	
	1,000		1,000	

Ces faits pourront peut-être fournir quelques données à l'agriculteur; mais, quant à présent, on ne peut en tirer aucune induction.

23° *Terres à Garance du midi de la France.*

On a examiné deux terres qui ont été recueillies dans la vallée de la Durance, par M. de Gasparin, l'une à Mallemont (Bouches-du-Rhône), et l'autre près de l'Isle (Vaucluse).

1° *La terre de Mallemont* provient d'un champ qui est situé à un niveau assez bas dans la vallée de la Durance, à 7 myriamètres environ de son embouchure dans le Rhône ; on l'arrose à l'aide d'un canal qui dérive des eaux de la rivière. Le sol est un terrain d'alluvion qui contient des galets de roches quartzeuses granitiques, identiques avec ceux que la Durance charrie aujourd'hui. Les montagnes qui bordent la vallée appartiennent à la formation de la craie. La terre est d'une bonne production pour la Garance en quantité et en qualité ; cependant elle est très-inférieure aux terres du *Chor*, près d'Avignon.

La terre de Mallemont est couleur café au lait foncé, et elle renferme une assez forte proportion de matières organiques à l'état de terreau ; elle peut absorber les 0,40 de son poids d'eau et en retient, par conséquent, à l'état de saturation 0,30. Par lévigation, on en extrait 0,25 à 0,28 de sable, composé de grains de quartz, la plupart extrêmement fins ; et de débris de coquilles et de pierres calcaires. Le quartz y entre pour 0,20. Fondue avec la litharge, elle produit 0,23 de plomb équivalant à environ 0,016 de matières organiques. Le fer s'y trouve en partie à l'état de protoxyde. L'analyse donne :

Sable quartzeux fin.	0,200
Argile, ...	0,305
Oxyde de fer..	0,060
Carbonate de chaux.	0,370
Carbonate de magnésie.	0,010
Matières organiques.	0,016
Eau.	0,039
	1,000

2° *La terre de l'Isle* a été recueillie dans la plaine à 20 kilomètres d'Avignon, dans une partie assez élevée et très-près des montagnes. On arrose cette plaine avec les eaux de la Sorgue ; mais elle est peu productive, et la Garance qu'on y récolte est d'une qualité inférieure.

La terre est couleur café très-pâle ; elle est mélangée de

parties brunes organiques, mais en proportion moindre que la terre de Mallemont. Elle s'égrène très-facilement entre les doigts ; elle absorbe 0,30 d'eau : la terre saturée en renferme, par conséquent, 0,23. Par lévigation, on en extrait 0,60 de sable très-fin, composé d'environ parties égales de quartz un peu violacé et de pierres calcaires. Son analyse a donné :

Sable quartzeux un peu micacé. .	0,340	
Sable calcaire.	0,260	
Carbonate de chaux invisible. . .	0,215	0,585
Argile..	0,110	
Oxyde de fer.	0,035	
Eau et matières organiques. . . .	0,040	
	1,000	

Elle est remarquable par la faible proportion d'argile et, au contraire, la forte proportion de carbonate de chaux qu'elle contient.

24° *Terres du département de la Charente-Inférieure.*

Ces terres constituent la presque totalité des marais de la Charente-Inférieure et de la Vendée ; elles occupent plus de 2,000 kilomètres carrés, depuis l'embouchure de la Loire jusqu'à celle de la Gironde ; on les désigne sous le nom de *bris*. D'après M. Fleuriau de Bellevue, elles sont le produit des atterrissements modernes de la mer, bien plus que le produit des fleuves ; leur homogénéité dans toute cette étendue est très-remarquable ; partout elles servent à la construction des digues à desséchement, et presque partout aussi on en peut faire de bonnes briques et de bonnes tuiles, et même, depuis trente ans, on en fabrique de la pouzzolane à la Rochelle.

Le bri est une bonne terre à Blé, presque toujours très-fertile quand sa superficie n'a pas été épuisée par un grand nombre de cultures privées d'engrais.

On remarque partout que les jets des fossés sont considérablement plus fertiles que la superficie du terrain, et que le *bri*, extrait à 10 ou 15 centimètres de profondeur, double presque le produit des récoltes.

M. Fleurian de Bellevue a recueilli dans le marais de St.-Michel, situé à 15 kilomètres du marais de Boëre, deux échantillons de terres prises l'une à la surface et l'autre à la profondeur de 1 mètre environ, pour qu'ils soient soumis à l'analyse.

Les deux terres ont absolument le même aspect ; elles sont compactes et d'un gris pâle çà et là taché de jaune d'ocre ; elles se délayent facilement dans l'eau, mais on n'en sépare pas la plus petite trace de sable par lévigation ; elles absorbent 0,37 d'eau par imbibition et en contiennent, par conséquent, 0,27 à l'état de saturation. Calcinées à l'air, elles deviennent d'un rouge de brique pâle ; mais à creuset ouvert, elles prennent une teinte grise plus foncée que celle de la terre crue, qui provient de la petite quantité de matières organiques qu'elles renferment, et elles s'agglomèrent fortement en éprouvant même un commencement de fusion. Leur composition a été trouvée telle qu'il suit :

	Terre de la superficie.	Terre prise à 1 mèt.
Argile.	0,777	0,738
Oxyde de fer.	0,055	0,055
Carbonate de chaux.	0,050	0,090
Eau et matières organiques. . . .	0,118	0,117
	1,000	1,000

On n'y a trouvé ni magnésie ni sulfate de chaux. On ne sait à quoi attribuer la différence de fertilité de ces deux terres, et il est difficile de croire qu'elle tienne à la petite différence dans la proportion de carbonate de chaux que donne l'analyse ; malheureusement, on n'a pas recherché la proportion des matières organiques qu'elles contiennent, et on n'a pas non plus analysé ces argiles.

25ᵉ *Terre délaisse de mer de Furnes.*

Compacte, tenace, couleur café au lait, d'un grain extrêmement fin et laissant voir çà et là quelques particules de mica. Elle est d'une extrême fertilité. Par lévigation, on en sépare 0,39 de sable extrêmement fin, composé de quartz mêlé de 0,01 de carbonate de chaux. L'argile tenue en suspension, et qui renferme toutes les matières organiques, ne se dépose qu'avec une extrême lenteur. En traitant la terre par l'acide nitrique étendu, il se dissout du carbonate de chaux, un peu d'oxyde de fer et une quantité notable de phosphate de chaux, et la liqueur reste colorée en jaune brun par une partie des matières organiques. L'acide muriatique dissout ensuite de l'oxyde de fer et une petite quantité d'argile, et on peut, après cela, obtenir par lévigation une très-petite quantité de sable quartzeux d'une excessive finesse.

En faisant bouillir la terre dans l'eau, ce liquide se colore sensiblement au jaune brun ; mais il ne dissout pas trace de sels. Fondue avec cinq parties de litharge, la terre produit 0,75 de plomb, qui équivalent à environ 0,045 de matières organiques. L'analyse donne :

Sable quartzeux.	0,440
Grains calcaires.	0,010
Argile (pas différence).	0,380
Oxyde de fer.	0,045
Phosphate de chaux.	0,005
Carbonate de chaux invisible.	0,015
Matières organiques.	0,045
Eau.	0,060
	1,000

26ᵉ *Terre de l'île de Cuba.*

Rapportée en France par M. Mollien, alors qu'il était consul général à la Havane. C'est celle dans laquelle on cultive avec un si grand succès le Sucre, le Café et le Tabac. Elle est rouge et ressemble à un minerai de fer terreux. Elle est en petites masses agglomérées, mais que l'on écrase très-facilement. On n'y distingue pas de parties pierreuses, mais on y voit des débris de végétaux qui paraissent provenir de Cannes à sucre. Elle exhale une odeur désagréable analogue à celle des crottes de mouton ; elle fait pâte avec l'eau, et cette pâte, en se desséchant, prend du retrait sans se fendiller et acquiert beaucoup de ténacité. Ce serait une matière excellente pour faire des poteries rouges à l'antique.

Par le tamisage et la lévigation, on ne sépare que 0,02 de petits fragments de calcaire blanc et de débris de végétaux. Desséchée à la chaleur de 100 degrés, elle perd 0,09 d'eau hygroscopique.

Fondue avec 10 parties de litharge, elle donne 0,70 de plomb, qui équivalent à plus de 0,052 de matières organiques, parce que l'on n'avait pas eu la précaution d'enlever préalablement l'oxyde de fer au moyen de l'acide muriatique. Elle contient :

Silice.	0,336	} Argile, 0,506
Alumine	0,170	
Oxyde de fer.	0,140	
Oxyde de manganèse.	0,010	
Carbonate de chaux.	0,089	
Matières organiques, au moins.	0,052	
Eau.	0,198	
	0,985	

Cette terre doit avoir la propriété de retenir fortement l'eau, mais aussi elle doit se contracter beaucoup en se desséchant au soleil, et dans nos pays on ne concevrait pas comment les racines pourraient y pénétrer ; mais à Cuba, qui jouit d'une température des plus élevées, et où il tombe presque constamment des pluies extrêmement abondantes, il paraît que toutes les plantes et même les arbres y croissent et s'y développent avec une rapidité dont on ne peut pas se faire une idée en Europe.

27° *Terres employées au Luxembourg comme amendements*, n°⁵ 1 et 2.

On emploie ces terres pour cultiver les *Magnolia grandiflora* et autres arbustes, en les mélangeant ensemble et avec du terreau.

La première, n° 1, est d'un jaune d'ocre pur ; elle se pelotonne entre les doigts sans prendre de consistance. On en sépare aisément le sable par lévigation, surtout après qu'on l'a fait bouillir avec de l'acide muriatique, qui la décolore. Elle paraît être identique avec celle dont on se sert à Paris pour le moulage des métaux et qui provient de Fontenay-aux-Roses.

La seconde, n° **2**, est d'un brun jaunâtre, à grains très-fins; elle se pelotonne entre les doigts, sans cependant prendre une grande consistance et sans acquérir une grande ténacité en se desséchant; elle est mélangée d'une quantité très-notable de débris organiques décomposés, et c'est ce qui lui donne sa teinte brune. Ces terres sont composées comme il suit :

	N° 1.	N° 2.
Gros sable quartzeux.................	0,000	0,120
Sable quartzeux très-fin.............	0,800	0,270
Argile grise........................	0,150	0,485
Hydrate de fer......................	0,050	0,080
Carbonate de chaux..................	0,000	0,045
	1,000	1,000

III. — TERREAUX.

On sait que l'on qualifie de *terreaux* les fumiers qui sont parvenus à l'état terreux par l'effet de leur décomposition spontanée prolongée pendant un temps plus ou moins long. Ils sont d'un brun foncé et souvent presque noir, pulvérulents, mélangés de matières terreuses et presque toujours de sable et même de petits cailloux. Si, après les avoir fait sécher complétement au soleil, on les froisse entre les mains, on les amène à un état de ténuité tel, qu'on peut faire passer toute la partie organique à travers un tamis de crin et de manière à en séparer le gros sable qu'ils contiennent toujours.

Ils brûlent en répandant d'abord une fumée peu épaisse, qui n'a pas de mauvaise odeur, mais qui sent presque toujours l'écrevisse brûlée ; puis ils donnent une flamme claire, et le résidu charbonneux s'incinère ensuite facilement. S'il y a du carbonate de chaux, il perd toujours une partie de son acide carbonique pendant l'incinération.

En les traitant par l'eau bouillante, ce liquide se colore en jaune fauve et, si on l'évapore, la couleur passe au brun de plus en plus foncé, et il laisse enfin un résidu presque noir, en général peu considérable, et qui l'est d'autant moins que le terreau est plus ancien. L'acide muriatique les attaque plus fortement que l'eau, et se colore davantage. L'acide sulfurique moyennement étendu en dissout une très-grande partie en se colorant en brun foncé ; mais, en étendant la liqueur avec une quantité d'eau suffisante, la matière dissoute se précipite en totalité à l'état gélatineux, et on peut la recueillir sur un filtre, etc.

L'ammoniaque, et mieux encore le carbonate d'ammoniaque, leur enlève toujours une forte proportion de matière organique dite *ulmine*, en se colorant en brun noir, et, après cela, presque toujours la potasse en dissout encore une proportion plus ou moins considérable. Ces liqueurs sont décolorées complétement par les acides et, entre autres, par l'acide sulfurique étendu, et la matière organique dissoute se dépose sous forme de flocons d'un brun rouge, légers, qui se rassemblent au fond du vase et que l'on peut aisément filtrer et laver. Au surplus, les terreaux se comportent avec les réactifs de la voie humide tout comme les lignites et les tourbes. (Voy. *Ann. de chimie*, t. LIX, p. 225, année 1835.)

J'ai analysé quatre terreaux provenant, le premier, n° 1, du jardin du Luxembourg, le deuxième et le troisième, n°ˢ 2 et 3, du jardin des Plantes, et le quatrième, n° 4, du marché aux fleurs ; ils ont donné les résultats suivants :

	Nᵒ 1.	Nᵒ 2.	Nᵒ 3.	Nᵒ 4.
Gros sable quartzeux	»	0,270	0,300	0,200
Gros sable calcaire	»	»		
Sable quartzeux fin et argile	0,265	0,270	0,213	0,280
Silice gélatineuse	0,040	0,036	0,029	0,034
Phosphate de chaux	0,055	0,014	0,041	0,036
Phosphate de fer	0,015	0,023	0,010	
Carbonate de chaux	0,140	0,184	0,165	0,210
Carbonate de magnésie	0,015	0,007	Trace.	Trace.
Sulfate de chaux	»	»	0,004	»
Carbonate de potasse	»	0,006	»	»
Matières organiques	0,470	0,160	0,238	0,240
	1,000	1,000	1,000	1,000

28° *Terreau du Luxembourg.*

(Nᵒ 1.) Il est d'un brun noir et bien consommé; il est très-riche en matières organiques et il doit avoir été préparé avec beaucoup de soin. On s'en sert pour saupoudrer les semis de gazons.

29° *Terreaux du jardin des Plantes.*

(Nᵒˢ 2 et 3.) Ils proviennent du mélange des fumiers de tous les animaux que l'on y conserve, moutons, chevaux, éléphants, chameaux, hémiones, chèvres, zèbres, cerfs, singes, etc. Le nᵒ 2 n'était âgé que d'un an; il était brun foncé, presque sans odeur, mélangé de brins de paille non encore décomposés; il colorait l'eau assez fortement. Le nᵒ 3 était âgé de deux ans; il était d'un brun très-foncé et presque sans odeur, et il colorait beaucoup moins l'eau que le précédent. On n'y a pas trouvé la plus petite trace de sels alcalins.

30° *Terreau du marché aux fleurs.*

(Nᵒ 4.) Ce n'est que le résidu des *couches* que les maratchers démontent dès qu'elles se sont refroidies; il est d'un brun très-noir, mais mélangé de beaucoup de petits cailloux et d'argile. L'eau bouillante lui enlève du sulfate de chaux en se colorant en jaune pâle. L'acide muriatique y développe une légère odeur d'hydrogène sulfuré en prenant une couleur feuille morte. Il ne renferme pas la plus petite trace de matières alcalines.

LISTE DES TERRES VÉGÉTALES DONT L'ANALYSE EST RAPPORTÉE CI-DESSUS.

I. Terres de la vallée du Loing, près Nemours, et de la plaine de Puiseaux.

1° Terre du Marabout, près Nemours.
2° Terre du Châtelet, près Nemours.
3° Terre de Saint-Pierre, près Nemours.
4° Terre de curage du canal, à Nemours.
5° Terre de Bruyère des Courtins, près Nemours.
6° Terre de Bruyère de Palaiseau, près Paris.
7° Terre d'Ormesson, plaine de Puiseaux.
8° Autre terre d'Ormesson.
9° Terres d'Obsonville, plaine de Puiseaux, nᵒˢ 1, 2 et 3.
10° Terres de Châtenoy, plaine de Puiseaux, nᵒˢ 1 et 2.
11° Terre à Safran, plaine de Puiseaux.
12° Terre d'Aufferville, plaine de Puiseaux.
13° Terre du Parc-Gautier, plaine de Puiseaux, nᵒˢ 1 et 2.
14° Terre de Bromerolles, plaine de Puiseaux.
15° Terre de Bromeilles, plaine de Puiseaux.
16° Terre du haut de Bardilly, plaine de Puiseaux.
17° Terre du bas de Bardilly, plaine de Puiseaux.
18° Marne de Bardilly, plaine de Puiseaux.
19° Argile de la Rigole, plaine de Puiseaux.
20° Argile du fossé de Puiseaux.

II. Terres de lieux divers.

21° Terres de Saint-Germain-de-Laxis, près Melun, n°° 1, 2 et 3.

22° Terres des vignobles de Pomard (Côte-d'Or), n°° 1 et 2.

23° Terres à Garance du midi de la France, n°° 1 et 2.

24° Terres du département de la Charente-Inférieure, n°° 1 et 2.

25° Terre délaisse de mer de Furnes.

26° Terre de l'île de Cuba.

27° Terres employées au Luxembourg comme amendements, n°° 1 et 2.

———

III. Terreaux.

28° Terreau du jardin du Luxembourg, n° 1.

29° Terreaux du jardin des Plantes, n°° 2 et 3.

30° Terreau du marché aux fleurs, n° 4.

PARIS.—IMPRIMERIE DE Mme Ve BOUCHARD-HUZARD, RUE DE L'ÉPERON, 5.